典型催化剂与催化技术研究

于 雪◎著

中国水利水电出版社
www.waterpub.com.cn
·北京·

内 容 提 要

本书按照催化剂的种类及反应机理分成不同章节,并且在经典催化理论的基础上,引进了大量催化领域的新思想及研究成果。

本书对典型催化剂与催化技术进行了系统研究,主要内容包括:酸碱催化剂及催化作用、金属催化剂及催化作用、金属氧化物催化剂及催化作用、络合催化剂及催化作用、生物催化技术、环境催化技术、催化新材料与新型催化技术等。

本书结构合理,条理清晰,内容丰富新颖,可供从事催化等相关行业的工程技术人员参考使用。

图书在版编目(CIP)数据

典型催化剂与催化技术研究 / 于雪著. —北京:中国水利水电出版社,2019.4

ISBN 978-7-5170-7612-4

Ⅰ. ①典… Ⅱ. ①于… Ⅲ. ①催化剂－研究 Ⅳ. ①O643.36

中国版本图书馆 CIP 数据核字(2019)第 074544 号

书 名	典型催化剂与催化技术研究
	DIANXING CUIHUAJI YU CUIHUA JISHU YANJIU
作 者	于 雪 著
出版发行	中国水利水电出版社
	(北京市海淀区玉渊潭南路 1 号 D 座 100038)
	网址:www.waterpub.com.cn
	E-mail:sales@waterpub.com.cn
	电话:(010)68367658(营销中心)
经 售	北京科水图书销售中心(零售)
	电话:(010)88383994、63202643、68545874
	全国各地新华书店和相关出版物销售网点
排 版	北京亚吉飞数码科技有限公司
印 刷	三河市华晨印务有限公司
规 格	170mm×240mm 16 开本 14 印张 251 千字
版 次	2019 年 6 月第 1 版 2019 年 6 月第 1 次印刷
印 数	0001—2000 册
定 价	67.00 元

前　言

在人类文明的进程中,催化剂的使用由来已久。特别是 20 世纪下半叶以来,催化科学和技术的飞速进步,使得数以百计的工业催化剂开发成功,而且数量更多的催化剂得以更新换代。近 100 余年来,催化科学的进步日新月异,新型催化剂正日益广泛和深入地渗透到石油炼制工业、化学工业、高分子材料工业、生物化学工业、食品工业、医药工业以及环境保护产业的绝大部分工艺过程中,起着举足轻重的作用。

目前,催化剂工程已经发展成为一门比较前沿的学科。关于其研究对象和领域,至今尚未有明确而权威的界定,并且国内外也尚无有关的专著。但据作者理解,催化剂工程是以工业催化剂的制造生产、评价测试、设计开发、操作使用等工程问题为其研究对象的一门科学。它极有可能成为 21 世纪专业化人才所必备的基本知识之一。

化学反应通常在反应器中进行,而这些反应器中,绝大部分都须添加工业催化剂。事实上,催化技术已经成为调控化学反应速度与方向的核心技术。

现代化学工业也给生态环境带来了极大的冲击。为了使人类能够更好地生存发展,人们对化学工业提出了更高的要求,环境友好和可持续性发展战略的实施给催化科学和技术提供了新的发展空间,也提出了更高的要求和新的挑战。为此,作者特撰写本书,对当今典型的催化剂与催化技术进行系统性的研究。

全书共分 8 章:第 1 章对催化剂与催化作用进行了简单阐述,为全书的研究奠定基础;第 2 章研究讨论了酸碱催化剂及其催化作用,并对其具体应用实例进行了分析;第 3 章研究讨论了金属催化剂及其催化作用,并对其具体应用实例进行了分析;第 4 章研究讨论了金属氧化物催化剂及其催化作用,对其具体应用实例进行了分析;第 5 章研究讨论了络合催化剂及其催化作用,并对其具体应用实例进行了分析;第 6 章研究讨论了生物催化技术,主要内容涉及反应特征、作用原理、应用及发展趋势等;第 7 章研究讨论了环境催化技术,主要内容涉及空气污染治理的催化技术、工业废液的催化净化技术、大气层保护与催化技术以及环境友好的催化技术等;第 8 章对当今热门的催化新材料与新型催化技术进行了探究。

全书逻辑严谨、分类清晰、结构完整,在对当今典型的催化剂与催化技术进行比较深入的剖析的同时,也比较全面地反映了催化科学与催化技术的最新进展。

本书是作者在总结多年教学与研究经验的基础上,广泛吸收国内外学者的研究成果撰写而成的,同时也得到了行业内许多专家学者的指导帮助,在此特向所参考文献的作者及提供帮助的专家学者表示真诚的感谢。

此外还要对以下项目的支持表示感谢:

吉林市科技创新发展计划项目:新型多孔 MOFs 的设计合成及催化酰胺化反应研究,201750231

吉林省科技发展计划项目:苯并氮杂卓类活性药物分子骨架合成方法研究,20160520130JH

由于作者水平有限,加之催化科学仍处于蓬勃发展阶段,新型催化剂不断涌现,相关工艺技术也在不断更新,书中难免有疏漏和不足之处,真诚希望有关专家和读者批评指正。

作　者

2018 年 12 月

目　录

前言

第1章　催化剂与催化作用概论 …………………………………………… 1

1.1　催化剂与催化作用的定义及特征 ……………………………… 1

1.2　催化体系的分类 ………………………………………………… 7

1.3　催化剂的组成和性能 …………………………………………… 12

1.4　多相催化反应体系分析 ………………………………………… 21

第2章　酸碱催化剂及其催化作用 ……………………………………… 27

2.1　酸碱催化剂的应用及分类 ……………………………………… 27

2.2　酸碱定义及酸碱中心的形成 …………………………………… 30

2.3　固体酸碱的性质及其测定 ……………………………………… 38

2.4　酸碱催化作用及其催化机理 …………………………………… 45

2.5　分子筛催化剂 …………………………………………………… 48

2.6　超强酸与超强碱 ………………………………………………… 55

2.7　酸碱催化剂的应用实例 ………………………………………… 61

第3章　金属催化剂及其催化作用 ……………………………………… 66

3.1　金属催化剂的应用及特性 ……………………………………… 66

3.2　金属催化剂的结构 ……………………………………………… 69

3.3　金属催化剂的吸附作用 ………………………………………… 71

3.4　负载型金属催化剂及其催化作用 ……………………………… 76

3.5　合金催化剂及其催化作用 ……………………………………… 82

3.6　金属催化剂的应用实例 ………………………………………… 87

第4章　金属氧化物催化剂及其催化作用 ……………………………… 90

4.1　金属氧化物的结构 ……………………………………………… 90

4.2　半导体的能带结构及气体在其上的化学吸附 ………………… 96

4.3　金属氧化物催化剂的催化作用 ………………………………… 102

4.4　复合金属氧化物催化剂 ………………………………………… 108

4.5　金属氧化物催化剂的应用实例 ………………………………… 109

第5章　络合催化剂及其催化作用……………………………… 119

5.1　均相络合催化剂的应用及特征 …………………………… 119

5.2　过渡金属离子的化学键合 ………………………………… 124

5.3　络合催化循环 ……………………………………………… 125

5.4　络合催化机理 ……………………………………………… 130

5.5　络合催化的应用实例 ……………………………………… 131

第6章　生物催化技术…………………………………………… 142

6.1　概述 ………………………………………………………… 142

6.2　生物催化剂的功能特点及生物催化反应特征 …………… 145

6.3　生物催化作用原理 ………………………………………… 148

6.4　生物催化剂的应用 ………………………………………… 154

6.5　生物催化技术的发展趋势 ………………………………… 159

第7章　环境催化技术…………………………………………… 161

7.1　概述 ………………………………………………………… 161

7.2　空气污染治理的催化技术 ………………………………… 164

7.3　工业废液的催化净化技术 ………………………………… 173

7.4　大气层保护与催化技术 …………………………………… 177

7.5　环境友好的催化技术 ……………………………………… 178

第8章　催化新材料与新型催化技术…………………………… 187

8.1　催化新材料 ………………………………………………… 187

8.2　新型催化技术 ……………………………………………… 211

参考文献………………………………………………………… 217

第 1 章　催化剂与催化作用概论

反应速率是一个化学反应能否在工业上得以实现的关键因素。换句话说,在单位时间内获得足够数量的产品是化学工业对化学反应的根本要求。在具体的工业实践中,应用催化的方法,既能提高反应速率,又能对反应方向进行控制,且催化剂原则上是不消耗的。因此,应用催化剂是提高反应速率和控制反应方向较为有效的方法,而对催化剂与催化作用的研究应用,也就成为现代化学工业的研究热点。

1.1　催化剂与催化作用的定义及特征

1.1.1　催化剂与催化作用的定义

早在 19 世纪末 20 世纪初,人们就发现许多化学反应的反应速率会因某种"外来"物质(通常是少量的)的加入而显著改变,这种外来物质不出现在反应的化学计量式中,被称为催化剂。催化剂的定义最早由德国化学家 W. Ostward 提出,W. Ostward 为"催化剂是一种可以改变一个化学反应速度,而不存在于产物中的物质",这一提法受到了不少化学家的支持。之后,又有很多化学家试图对 W. Ostward 的催化剂定义进一步完善,将之定义为"自身在化学反应方程式中并不出现,少量却可以控制反应的速度、选择性、产物立体规整性的物质"。

随着研究的不断深入,人们对催化剂的定义越来越明确。1981 年,国际纯粹化学与应用化学联合会(IUPAC)从吉布斯自由能的角度给出了催化剂更准确的定义,即"催化剂是一种改变反应速率但不改变反应总标准吉布斯自由能的物质。"目前,在绝大多数文献中,人们惯用的定义为"催化剂是一种能够改变化学反应速率,而本身不参与最终产物的物质。"

催化剂是一种物质,许多类型的材料,包括金属、化合物(如金属氧化物、硫化物、氮化物、沸石分子筛等)、有机金属配合物和酶等都可以作为催化剂。

在相关化学反应过程中,催化剂所发挥的作用称为催化作用。1976 年,IUPAC 给出了催化作用的标准定义,即"催化作用是一种化学作用,是靠用量极少而本身不被消耗的一种叫作催化剂的外加物质来加速化学反应的现象。"该定义极为全面地表述了催化作用是一种化学作用,且催化剂参与了反应这一认识。之后,随着研究的不断深入,人们又将催化作用扩大到正、负两个方面。使化学反应速率加快的现象称为正催化作用,而使化学反应速率减慢的现象称为负催化作用。

催化反应可用最简单的"假设循环"表示出来,如图 1.1 所示。在图 1.1 中,R 与 P 分别代表反应物与产物,而催化剂-R 则代表由反应物和催化剂反应合成的中间物种。在暂存的中间物种解体后,又重新得到催化剂以及产物。这个简单的示意图,可以帮助人们理解哪怕是最复杂的催化反应过程的本质。按照催化反应物相的不同,可将催化反应分为均相催化、多相催化和酶催化三种。所谓均相催化,具体指的是催化剂与反应物处于相同的物相。

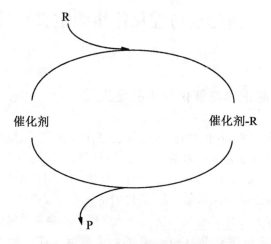

R

催化剂   催化剂-R

P

图 1.1 催化反应循环图

在这里以正向催化作用为例来简单讨论催化作用的一般原理。在使用催化剂加速某一化学反应的过程中,催化剂之所以能够将反应速度提升,根本原因是它的存在能够使得反应途径所需的活化能更低。图 1.2 是一个化学反应过程中加入催化剂和不加入催化剂的对比图像,通过该图可以清楚地说明催化作用的一般原理。对于某一正在发生化学反应的气体体系,假设其反应过程分别以两种不同的方式进行,一种是均相非催化方式,另一种是多相催化方式。显然,在这两种方式下,反应过程的能量变化有所不同。在图 1.2 中,设 $E_{非}$ 代表均相非催化方式下反应的活化能,$E_{催}$ 代表多相催化方式下的反应的活化能；吸附热用 Q_a 表示，吸附活化能用 E_a 表示；脱附热用 Q_d 表示，产物脱附活化能用 E_d 表示；反应过程总的热效应用 ΔH 表示。由 Arrhenius 理论可知，活化能越低则反应速率越高。因为 $E_催 < E_非$，所以多相催化方式下反应速率更高。

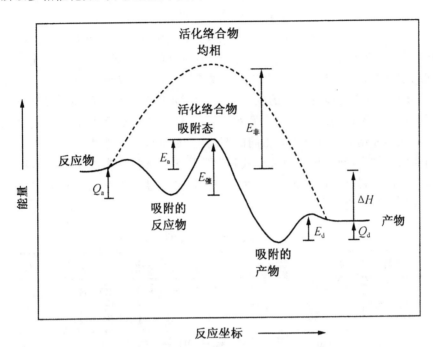

图 1.2　催化与非催化反应中的能量变化

　　最后需要特别指出的是，在很多化学反应中，水和其他溶剂可使两种反应物溶解，并加速两者间的反应，但这仅仅是一种溶剂效应的物理作用，并不是化学催化作用。

1.1.2　催化剂与催化作用的特征

1.1.2.1　催化剂能改变化学反应速率

　　在前文关于催化剂与催化作用的定义的讨论中，已经深入讨论了催化剂改变化学反应速率的事实及原理。在具体实践中，人们广泛应用催化剂来加快化学反应速率，以期提高化工生产效益。例如，氨合成用熔铁催化剂，1t 催化剂能有效地促进反应的进行，生产出约 2 万 t 氨，其废催化剂还可以回收。

1.1.2.2 催化剂对反应具有选择性

大量的事实证明,对于化学反应而言,催化剂都具有选择性,具体表现在反应产物结构、反应方向以及反应类型等方面。当反应在理论上(热力学上)可能有一个以上的不同方向时,有可能导致热力学上可行的不同产物。通常条件下,一种催化剂在一定条件下,只对其中的一个反应方向起加速作用,促进反应的速率与选择性是统一的,这种性能称为催化剂的选择性。不同的催化剂,可以是相同的反应物生成不同的产品,因为从同一反应物出发,在热力学上可能有不同的反应方向,生成不同的产物,而不同的催化剂,即可以加速不同的反应方向。另外,也有大量的事实证明,相同的反应物采用不同的催化剂也可以生成相同的产物,只是生成物在性能上可能有所不同而已。故而,现代化工经常有效利用催化剂的选择性来抑制一些不利反应并使得有利反应得到促进,从而获得更高的效益。乙醇在不同催化剂上反应的不同产物见表 1.1。

表 1.1　在不同催化剂上乙醇的反应

催化剂	温度/℃	反应
Cu	200~250	$C_2H_5OH \longrightarrow CH_3CHO + H_2$
Al_2O_3	350~380	$C_2H_5OH \longrightarrow C_2H_4 + H_2O$
Al_2O_3	250	$C_2H_5OH \longrightarrow (C_2H_5)_2O + H_2O$
$MgO\text{-}SiO_2$	360~370	$2C_2H_5OH \longrightarrow CH_2=CH-CH=CH_2 + 2H_2O + H_2$

1.1.2.3 催化剂仅加速热力学上可行的化学反应

催化剂只能加速热力学上可能进行的化学反应,而不能加速热力学上无法进行的反应。例如,在常温、常压、无其他外加功的情况下,水不能变成氢气和氧气,因而也不存在任何能加快这一反应的催化剂。

1.1.2.4 催化剂不改变化学平衡

催化剂只能改变化学反应的速率,而不能改变化学平衡的位置。在一定外界条件下某化学反应产物的最高平衡浓度,受热力学变量的限制。换言之,催化剂只能改变达到(或接近)这一极限值所需要的时间,而不能改变这一极限值的大小。

1.1.2.5　催化剂加速可逆反应的正、逆反应

研究表明,对于可逆反应而言,催化剂并没有改变其化学平衡的作用,只会同等程度地促进或抑制其正、逆反应的速率。

设某可逆反应的化学平衡常数为 K_r,其正、逆反应的化学反应速率常数分别为 k_1 和 k_2,由物理化学可知 $K_r = k_1/k_2$,又因为催化剂不能改变 K_r,故它使 k_1 增大的同时,必然使 k_2 成比例地增大。例如,合成氨反应

$$N_2 + 3H_2 \rightleftharpoons 2NH_3$$

其中氨的平衡含量与反应温度和压力的关系如图 1.3 所示。由图 1.3 可见,高压下平衡趋向于正反应——氨的合成,低压下平衡趋向于逆反应——氨的分解。如果要寻找氨合成的催化剂,就需要在高压下进行实验。由于催化剂不改变化学平衡,正反应的催化剂也是逆反应的催化剂,于是,就可以从氨分解逆反应催化剂的研究来寻找氨合成正反应的催化剂。这样就可以在低压下进行实验。在氨合成的早期研究中,就是采用这样的方法研发出了性能较好的催化剂。

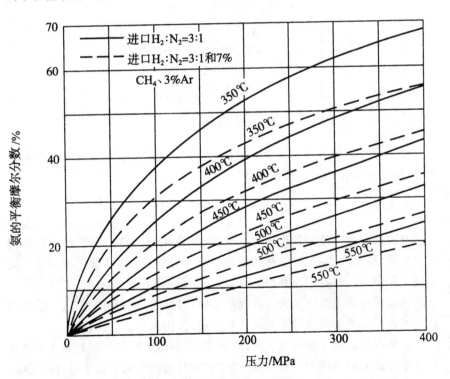

图 1.3　氨合成反应氨的平衡含量与反应温度和压力的关系

镍、铂等金属是脱氢反应的催化剂,自然同时也是加氢反应的催化剂。这样,在高温下平衡趋向于脱氢方向,就成为脱氢反应催化剂;而稍低的温度下平衡趋向于加氢方向,就成为加氢反应催化剂。当然有例外,例如铜催化剂是很好的加氢催化剂,但是因为铜熔点比镍、铂低,在高温下易于烧结导致物理结构改变,所以不宜在高温下使用,因此不宜作为高温下脱氢反应的催化剂。当然这只是物理上的原因。同理,对甲醇合成有效的催化剂,对甲醇分解亦有利。这样,当研究甲醇合成催化剂缺乏方便的条件时,不妨反过来研究甲醇分解的催化剂。当然,要实现方向不同的反应,应选用不同的热力学条件和不同的催化剂配方。

1.1.2.6　催化剂在反应中不消耗

大量的研究证明,在实际的化学反应中,催化剂会参与到反应进程中去,但理想状态下最后都会回归到其最初的化学状态。例如,使用催化剂 V_2O_5 使 SO_2 进一步氧化为 SO_3 的反应历程为

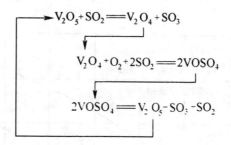

这三步反应相加可得 $2SO_2 + O_2 = 2SO_3$。可见,催化剂 V_2O_5 参与了反应,但是在反应结束后又恢复到始态。

1.1.2.7　大多数催化剂对于杂质十分敏感

有的杂质可以使催化作用大大加强(助催化剂),有的却能使催化作用大大减弱(毒物)。在区分某种物质是不是催化剂(或某种催化作用属不属于催化作用)时,需特别注意以下几点:

1)催化剂首先被定义为一种物质实体,各种通过能量如光、热、电、磁等物理因素而加速的反应都不是催化反应,其作用也不是催化作用。

2)新近的催化作用均为正方向,而在 20 世纪 70 年代以前,对于能使反应速率降低的物质称为负催化剂,通常针对自由基形成和消失进行的反应,这类所谓的"负催化剂"称为"阻聚剂"更贴切。

3）在自由基聚合反应中所用的引发剂，虽然引发了快速的传递反应，但在聚合反应时本身也被消耗，所以有别于催化剂。

4）均相反应所存在的体系环境有时能对反应起着举足轻重的作用，即"溶剂效应"，这种"类似催化作用"通常是纯粹的物理作用，不是化学催化作用。

1.2　催化体系的分类

1.2.1　催化剂分类

目前，各种工业催化剂已达 2000 多种，且品种、牌号还在不断地增加。为了研究、生产和使用的方便，常常从不同角度对催化剂及其相关的催化反应过程加以分类。

1.2.1.1　按聚集状态及元素化合态分类

聚集状态是世界上一切物质最基本的宏观形态之一，分为气态、液态和固态三种。在人们刚刚研究催化剂并对其进行分类的时候，最容易想到的分类方法自然也是按照聚集状态对其进行分类。聚集状态分类法的催化反应部分组合见表1.2。

表 1.2　聚集状态分类法的催化反应部分组合

反应类别	催化剂状态	反应物状态	实例
均相	气 液 固	气 液 固	NO_2 催化 SO_2 氧化为 SO_3
非均相（多相）	液 固 固 固 固 固	气 气 液 气＋液 气＋固 液＋固	磷酸催化的烯烃聚合 负载型钯催化的乙炔选择加氢 Ziegler-Natta 催化剂作用下的丙烯聚合反应 贵金属催化硝基苯加氢

同时,根据组成元素及化合态的不同,可以将催化剂分为金属催化剂、氧化物或硫化物催化剂、酸催化剂、碱催化剂、盐催化剂、金属有机化合物催化剂等,限于本书篇幅,这里不再赘述。

1.2.1.2 按使用功能分类

在选择或开发一种催化剂时,问题的复杂性有时是难以想象的。按催化剂的使用功能分类是根据一些实验事实归纳整理的结果,其中也许并无内在联系或理论依据。但这种以大量事实为基础的信息,可为设计催化剂的专家作系统参考,为评选催化剂提供帮助。表1.3给出了这种分类法的一个简单实例。更复杂的例子,在各种设计催化剂的专家系统及其配套数据库中可以找到,限于本书篇幅,这里不再列举。

表1.3 多相催化剂的分类

类别	功能	实例
金属	加氢 脱氢 加氢裂解(含氧化)	Fe、Ni、Pd、Pt、Ag、Cu
金属氧化物	部分氧化 还原 脱氢 环化 脱硫	NiO、ZnO、MnO_2、Cr_2O_3、Bi_2O_3-MoO_3、WS_2
酸、碱	水解 聚合 裂解 烷基化 异构化 脱水	SiO_2-Al_2O_3、酸性沸石、H_3PO_4、H_2SO_4、NaOH
过渡金属络合物	加成 氧化 聚合	$PdCl_2$-$CuCl_2$、$TiCl_3$-$Al(C_2H_5)_3$

1.2.1.3　按化学键分类

不论是催化反应还是没有催化剂参加的普通化学反应,从其微观角度来看,都是反应物分子发生电子云的重新排布,实现旧化学键的断裂和新化学键的形成而转化为产物的过程。认识到化学过程就是有关化学键"破旧立新"的过程,那么催化剂的作用就是对化学反应中有关化学键断裂和形成的促进作用。在实际操作中,所有类型的化学键和化学反应都可能在催化反应中出现,而且同种催化剂有可能对几种类型的化学键和化学反应都有促进作用,即所说的催化剂的多功能性。根据化学键类型对催化反应和催化剂进行的分类见表 1.4。

表 1.4　根据化学键类型对催化反应和催化剂进行的分类

化学键类型	催化剂实例
金属键	过渡金属镍、铂
离子键	二氧化锰、乙酸锰、尖晶石
配位键	Ziegler-Natta、Wacker 法

1.2.1.4　按工艺与工程特点分类

催化剂有统一的命名方法,但就工业催化剂的分类而言目前尚无统一的标准。通常将工业催化剂分为石油炼制、无机化工、有机化工、环境保护和其他催化剂五大类。其中无机化工类催化剂主要包括化肥催化剂,涉及制氢、制氨、制无机酸和合成甲醇所用的各类催化剂,而有机化工类催化剂主要包括石油化工用的各类催化剂。我国工业催化剂的分类情况如图 1.4所示。

这种分类方法是把目前应用最广泛的催化剂以其组成结构、性能差异和工艺工程特点为依据,分为多相固体催化剂、均相配合物催化剂和酶催化剂三大类,以便于进行"催化剂工程"的研究,这类分类方法是现在应用最普遍的方法。此外有些文献还提到按元素周期表分类等其他方法,限于本书篇幅,这里不再赘述。

1.2.2　催化体系分类

为了便于研究,需要对催化体系进行分类,目前常用的分类方法有按系统物相的均一性分类、按反应类型分类、按催化作用机理分类,限于本书篇幅,这里仅就前两种分类方法进行讨论。

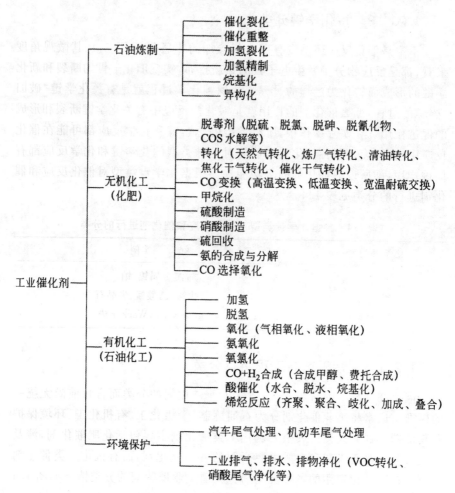

图 1.4　我国工业催化剂分类

1.2.2.1　按系统物相的均一性分类

根据催化反应系统物相均一性的不同,可将催化反应分为如下几类:

(1)均相催化反应。对于一个催化反应,如果其催化剂和反应物处于同一相态中,则称其为均相催化反应。催化剂和反应物均为气相的催化反应称为气相均相催化反应。例如

$$2SO_2 + O_2 \xrightleftharpoons{NO} 2SO_3$$

反应物和催化剂均为液相的催化反应称为液相均相催化反应。例如

$$CH_3CH_2OH + CH_3COOH \xrightleftharpoons{H_2SO_4} CH_3COOCH_2CH_3 + H_2O$$

（2）非均相（又称多相）催化反应。对于一个催化反应，如果其催化剂和反应物处于不同相态中，则称其为非均相催化反应。由气体反应物与固体催化剂组成的反应体系称为气固相催化反应。例如，乙烯与氧在负载银的固体催化剂上氧化生成环氧乙烷的反应，其化学反应方程为

$$CH_2\!=\!CH_2 + \frac{1}{2}O_2(空气) \xrightarrow[220\sim280℃]{Ag} CH_2\!-\!CH_2$$
$$\underset{O}{\diagdown\diagup}$$

由液态反应物与固体催化剂组成的反应体系称为液固相催化反应。例如，在 Zigler-Natta 催化剂作用下的丙烯聚合反应，其化学反应方程为

$$n\underset{CH_3}{CH}\!=\!CH_2 \xrightarrow[50℃、1MPa]{(CH_3CH_2)_3Al-TiCl_4} \left[\underset{CH_3}{CH}\!-\!CH_2\right]_n$$

由液态和气态两种反应物与固体催化剂组成的反应体系称为气液固相催化反应。例如，苯在雷尼镍催化剂上加氢生成环己烷的反应，其化学反应方程为

$$\bigcirc + H_2 \xrightarrow[180\sim250℃]{Ni} \bigcirc$$

由气态反应物与液相催化剂组成的反应体系称为气液相反应。例如，乙烯与氧气在 $PdCl_2$-$CuCl_2$ 水溶液催化剂作用下氧化生成乙醛的反应，其化学反应方程为

$$CH_2\!=\!CH_2 + \frac{1}{2}O_2 \xrightarrow[100\sim125℃]{PdCl_2\text{-}CuCl_2} CH_3CHO$$

（3）酶催化反应。酶本身呈胶体均匀分散在水溶液中（均相），但反应却从反应物在其表面上积聚开始（多相），因此同时具有均相和多相的性质。

1.2.2.2　按反应类型分类

这种分类方法是根据催化反应所进行的化学反应类型进行分类的，如加氢反应、氧化反应、裂解反应等。这种分类方法不是着眼于催化剂，而是着眼于化学反应。因为同一类型的化学反应具有一定共性，催化剂的作用也具有某些相似之处，这就有可能用一种反应的催化剂来催化同类型的另一种反应。例如，铜基催化剂是 CO 加氢生成甲醇反应的催化剂，同样它也可用作 CO 加氢生成低碳醇反应的催化剂。按反应类型分类的反应和常用催化剂见表 1.5。

表 1.5 某些重要的反应类型及所用催化剂

反应类型	常用催化剂
加氢	$Ni,Pt,Pd,Cu,NiO,MoS_2,WS_2,Co(CN)_6^{3-}$
脱氢	$Cr_2O_3,Fe_2O_3,ZnO,Ni,Pd,Pt$
氧化	$V_2O_3,MoO_3,CuO,Co_3O_4,Ag,Pd,Pt,PdCl_2$
羰基化	$Co_2(CO)_8,Ni(CO)_4,Fe(CO)_5,PdCl(PPh_3)_3^*$
聚合	$CrO_3,MoO_2,TiCl_4-Al(C_2H_5)_3$
卤化	$AlCl_3,FeCl_3,CuCl_2,HgCl_2$
裂解	$SiO_2-Al_2O_3,SiO_2-MgO,$沸石分子筛,活性白土
水合	$H_2SO_4,H_3PO_4,HgSO_4,$分子筛,离子交换树脂
烷基化,异构化	$H_3PO_4/$硅藻土$,AlCl_3,BF_3,SiO_2-Al_2O_3,$沸石分子筛

* PPh_3 为三苯基磷。

1.3 催化剂的组成和性能

1.3.1 催化剂的组成成分及其功能

在现代化学工业中,催化剂通常都是由多种物质组成的,其组成部分大致可以划分为三类,即活性组分、助催化剂和载体。催化剂的组成成分及其功能如图 1.5 所示。

1.3.1.1 活性组分

活性组分对催化剂的活性起着主要作用,在工业催化剂设计中,活性组分的选择是首要关键。对于一些催化剂,其活性组分只由一种物质组成,如乙烯氧化制环氧乙烷的银催化剂,其活性组分就是单一的物质——银;还有一些催化剂,其活性组分不止一个,而且它们单独存在时对反应也有活性,则称这种物质为协同催化剂。研究表明,有的催化剂具有两类活性中心,分别催化反应的不同步骤,这种催化剂称为双功能催化剂。双功能催化剂是两组分的,每组分各司一职,但也有些单一的化合物可以表现出多功能特性。

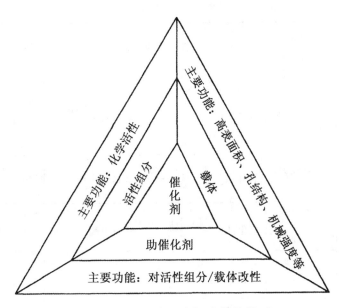

图 1.5　催化剂组分与功能的关系

　　目前,就催化科学的发展水平来说,虽然有一些理论知识可用作选择活性组分的参考,但确切地说仍然是经验的。历史上为了方便曾将活性组分按导电性的不同加以分类,见表 1.6。这样的分类,主要是为了方便,并没有肯定导电性与催化之间存在着任何的关联。然而,二者都与材料原子的电子结构有关。另外,还有其他的分类方法。

表 1.6　活性组分按导电性的分类

类别	导电性 (反应类型)	催化反应举例	活性组分示例
金属	导电体 (氧化,还原反应)	选择性加氢: + $3H_2$ $\xrightarrow{Ni}$	Fe、Ni、Pt
		选择性氢解: $CH_3CH_2(CH_2)_nCH_3 + H_2$ $\xrightarrow{Ni,Pt}$ $CH_4 + CH_3(CH_2)_nCH_3$	Pd、Cu、Ni、Pt
		选择性氧化: $C_2H_4 + [O]$ $\xrightarrow{Ag}$ $H_2C{-}CH_2$ (O)	Ag、Pd、Cu

类别	导电性（反应类型）	催化反应举例	活性组分示例
过渡金属氧化物、硫化物	半导体（氧化还原）	选择性加氢、脱氢：$CH=CH_2$ 苯 $+H_2 \xrightarrow{CuO}$ C_2H_5 苯	ZnO、CuO、NiO、Cr_2O_3
		氢解：噻吩$+4H_2 \xrightarrow{MoS_2} C_4H_{10}+H_2S$	MoS_2、Cr_2O_3
		氧化：甲醇 $\xrightarrow{[O],Fe_2O_3\text{-}MoO_3}$ 甲醛	$Fe_2O_3\text{-}MoO_3$
非过渡元素氧化物	绝缘体（碳离子反应，酸碱反应）	聚合、异构：正构烃 $\xrightarrow{Al_2O_3}$ 异构烃	Al_2O_3，$SiO_2\text{-}Al_2O_3$
		裂化：$C_nH_{2n+2} \xrightarrow[(n=m+p)]{SiO_2\text{-}Al_2O_3} C_mH_{2m}+C_pH_{2p+2}$	$SiO_2\text{-}Al_2O_3$，分子筛
		脱水：异丙醇 $\xrightarrow{A型分子筛}$ 丙烯	分子筛

在金属、半导体和绝缘体三类活性组分中,分析每一类的催化活性模型都有一种以上的理论和实验背景材料,限于本书篇幅,有关活性组分的催化理论讨论这里不再赘述。

1.3.1.2　助催化剂

在催化剂中,助催化剂以辅助成分的形式存在,具体是指为了使催化剂具有某些特定形态而添加的少量物质(低于 10%)。对于化学反应本身来讲,助催化剂活性很低,甚至没有活性。但是,助催化剂的加入,往往可以使得催化剂的活性、稳定性、选择性等获得显著提升。不仅如此,大量的实践经验证明,助催化剂的加入,还能够显著提升催化剂的其他重要性能,如耐热性、抗毒性、机械强度等。在具体实践中,既能够以元素的形式给催化剂中加入助催化剂,也能够以化合物的形式加入助催化剂;既可以向某一催化剂中加入一种助催化剂,也可以同时加入多种助催化剂。需要特别注意的是,当同一催化剂中加入多种助催化剂时,它们之间可能有相互作用发生。

如表 1.7 所示，列出了常见的助催化剂。

表 1.7　常见的助催化剂

活性组分或载体	助催化剂	作用功能	活性组分或载体	助催化剂	作用功能
Al_2O_3	SiO_2、ZrO_2、P	促进载体的热稳定性	Pt/Al_2O_3	Re	降低氢解和活性组分烧结，减少积炭
	K_2O	减缓活性组分结焦，降低酸度	MoO_3/Al_2O_3	Ni、CO	促进 C-S 和 C-N 氢解
	HCl	促进活性组分的酸度	Ni/陶瓷载体	P、B	促进 MoO_3 的分散
SiO_2-Al_2O_3 分子筛（Y 型）	MgO	间隔活性组分，减少烧结	Cu-ZnO-Al_2O_3	K	促进脱焦
	Pt	促进活性组分对 CO 的氧化		ZnO	促进 Cu 的烧结，提高活性
	稀土离子	促进载体的酸度和热稳定性			

一般情况下，根据具体作用的不同，可以将助催化剂分为以下几类：

（1）结构助催化剂。能对结构起稳定作用的助催化剂，通过加入这种助催化剂，使活性组分的细小晶粒间隔开来，比表面积增大，不易烧结；也可以与活性组分生成高熔点的化合物或固熔体而达到热稳定。例如，氨合成中的 Fe-K_2O-Al_2O_3 催化中的 Al_2O_3，通过加入少量的 Al_2O_3 使催化剂活性提高，使用寿命大大延长。其原因是由于 Al_2O_3 与活性铁形成了固熔体，阻止了铁的烧结。

（2）电子助催化剂。其作用是改变主催化剂的电子状态，提高催化性能。例如，氨合成催化剂中 K_2O 就是电子型助剂。加 K_2O 后纯 Fe 的活性几乎可增加 10 倍，这是由 K_2O 向 Fe 转移电子，增加了 Fe 的电子密度，提高了与 N_2 的成键能力。改变了反应的活化能，从而提高了催化剂活性。

（3）晶格缺陷助催化剂。研究表明，对于很多氧化物催化剂，其活性中心往往位于其靠近表面的晶格缺陷处。对于这类催化剂，在其靠近表面的位置添加适量的杂质，即可增加其晶格缺陷密度，从而增强其催化活性，而添加的杂质即可视为助催化剂，称为晶格缺陷助催化剂。进一步研究表明，这种情况下，助催化剂的加入使得对应催化剂表面的原子排列更加无序，晶格缺陷浓度上升，从而使得催化剂的活性得到提升。

（4）选择性助催化剂。为了抑制催化过程中的副反应，可以在催化剂中加入某种化学物质，选择性地屏蔽能引起副反应的活性中心，从而提高目的反应的选择性。例如，用钯或镍作选择加氢催化剂以除去烯烃中少量的炔烃和共轭二烯烃，通常用铅使催化剂上加氢活性高的活性中心中毒，从而达到抑制烯烃加氢的目的。铅在此种催化剂中就是一种选择性助剂。

（5）扩散助催化剂。为了提高化工生产效率，工业催化剂通常都需要有足够大的表面积以及足够好的通气性能。为达到这一目的，人们在生产催化剂的时候往往会将一些易分解、易挥发的物质加入其中，这些物质可以使制得的催化剂形成很多孔隙，极大地提升了表面积和通气性能，这类添加剂称为扩散助催化剂。

1.3.1.3　载体

载体是固体催化剂所特有的组分，载体可以提高活性组分的分散度，使它们具有较大的活性表面积，又能给催化剂赋性，使其具有适宜的形状和粒度，以满足工业反应器的操作要求。这类物质一般没有活性，但含量较高。把活性组分、助催化剂等多种组分负载在载体上所制成的催化剂称为负载型催化剂。负载型催化剂的载体，其物理结构和性质往往对催化剂有决定性的影响。从这种意义上说，载体与助催化剂没有明显的界限，区别在于载体的用量大，作用缓和，助催化剂的用量小，作用显著。由于载体的用量大，可赋予催化剂以基本的物理结构和性能，如孔结构、比表面积、宏观外形、机械强度等，因此对于贵金属既可减少用量，又可提高活性，降低催化剂的生产成本。

实践证明，载体在催化剂中的作用是多方面的，一般可以归纳为以下几个方面：

（1）增加有效表面积和提供合适的孔结构。催化剂所具有的孔结构及有效表面积是影响催化活性以及选择性的重要因素，这也是载体最基本的功能，良好的分散状态还可以减少活性组分的用量。例如将贵金属 Pt 负载于 Al_2O_3 载体上，使 Pt 分散为纳米级粒子，成为高活性催化剂，从而大大提高贵金属的利用率。但并非所有催化剂都是比表面积越高越好，而应根据不同反应选择适宜的表面积和孔结构的载体。

(2)增加催化剂的机械强度,使其具有特定的形状。所谓机械强度,主要是指物体在对抗冲击、重力、压力、相变、温变、磨损等方面的能力。为了保持较好的催化活性,同时也为了运输、处理等方面的方便,现代化学工业一般都要求催化剂具有较好的机械强度。大量的研究表明,催化剂的机械强度与载体的材质、物理性质及制备方法有关。

(3)改善催化剂的导热性和热稳定性。为了使用工业上的强放(吸)热,载体一般具有较大的比热容和良好的导热性,以便于反应热的散发,避免因局部过热而引起催化剂的烧结和失活,还可避免高温下的副反应,提高催化反应的选择性。

(4)与活性组分间发生相互作用,改善催化剂的性能。载体与活性组分作用形成新的化合物或固溶体。例如,镍催化剂对 C=C 双键具有高的加氢活性,也具有 C—C 键的氢解活性,但在 Ni-Al$_2$O$_3$ 加氢催化剂中,载体 Al$_2$O$_3$ 由于和 Ni 生成了 NiAl$_2$O$_4$,它只有 C=C 双键的加氢活性,对于 C—C 的氢解没有活性。在 SiO$_2$-Al$_2$O$_3$ 催化剂中,它们单独存在时酸性很弱,而两种组分相互作用,就可形成强酸中心,具有较高的裂化活性。

(5)减少活性组分的用量。当使用贵金属(如 Pt、Pd、Rh 等)作为催化剂的活性组分时,采用载体可使活性组分高度分散,从而减少活性组分的用量。

(6)提供附加的活性中心。载体虽然无活性,但其表面存在活性中心,若不加以处理,则可能引发副反应。

(7)改善催化剂活性。有时活性组分与载体之间发生化学反应,可导致催化剂活性的改善。

除选择合适载体类型外,确定活性组分与载体量的最佳配比也是很重要的。一般活性组分的含量至少应能在载体表面上构成单分子覆盖层,使载体充分发挥其分散作用。若活性组分不能完全覆盖载体表面,载体又是非惰性的,载体表面也可以引起一些副反应。

1.3.1.4　其他

多相固体催化剂的组成中,除活性组分、助催化剂和载体以外,在工业催化剂中通常还要加入其他一些组分,如为了增加催化剂强度用的黏结剂,还有稳定剂、抑制剂、导热剂等。其中,抑制剂的作用正好与助催化剂相反,其作用主要是使得工业催化剂的各种性能达到均衡匹配,整体优化。表 1.8 列出了几种常见的催化抑制剂。

表 1.8　几种催化剂的抑制剂

催化剂	反应	抑制剂	作用效果
Fe	氨合成	Cu、Ni、P、S	降低活性
V_2O_5	苯氧化	氧化铁	引起深度氧化
SiO_2，Al_2O_3	柴油裂化	Na	中和酸点、降低活性

综上所述,固体催化剂在化学组成方面,包括活性组分、助催化剂、载体以及稳定剂、抑制剂等其他的一些组分。但大多数是由活性组分、助催化剂以及载体三大部分构成。

1.3.2　催化剂的性能要求

一般地,良好的工业催化剂应该满足三方面的基本要求,即一定的活性、选择性和稳定性(寿命)。

1.3.2.1　活性

催化剂活性是表示该催化剂催化功能大小的重要指标。一般来说,催化剂活性越高,促进原料转化的能力越大,在相同的反应时间内会取得更多的产品。因此,催化剂的活性往往是用目的产物的产率高低来衡量。为方便起见,常用在一定反应条件下,即在一定反应温度、反应压力和空速(即单位时间内通过单位体积催化剂的标准状态下的原料气体积量)下,原料转化的百分率来表示活性,并简称为转化率。例如,对于 CO 变换反应 $CO+H_2O \rightleftharpoons CO_2+H_2$,CO 的转化率表示为

$$X_{CO} = \frac{\text{已反应的 CO 摩尔数}}{\text{原料气中 CO 的总摩尔数}} \times 100\%$$

用转化率来表催化剂活性并不确切,因为原料的转化率并不和反应速率成正比,但这种方法比较直观,为工业生产所常用。

1.3.2.2　选择性

严格地说,催化剂的选择性具体是指其加快主反应速率的能力。一般情况下,人们习惯于用主反应在总反应中所占的比率的表示催化剂的选择性,即

$$\text{催化剂的选择性} = \frac{\text{某反应转化为目的产物的量}}{\text{某反应物被转化的量}} \times 100\%$$

通过该公式可以看出,选择性好的催化剂,其对于反应过程中的副反应所占

的比率较低,可以将原料更多地转化为主反应产物,从而达到降低成本、增加经济效益的目标。

在当今化工生产中,选择性是衡量催化剂性能的重要指标,意义十分重大。工业上之所以要选择某种催化剂,其根本目的是为了生产某些特定的产品。如果所用催化剂的选择性较好,就可以尽可能多地减少副反应的比率,将原料尽可能多地转化为目标产物,同时还可以使得产后的处理过程变得简单,从而在很大程度上降低了生产成本。然而,不得不重视的问题是,很多催化剂的选择性与其催化活性是负相关的,即选择性好的催化剂,其催化活性可能相对较低,故而在具体的生产实践中还需要根据实际情况在催化剂的选择性与活性之间做好权衡。

1.3.2.3　机械强度

机械强度也是催化剂的一个重要性能。一种固体催化剂应有足够的强度来承受四种不同形式的应力:能经得起在包装及运输过程中引起的磨损及碰撞;能承受住往反应器装填时所产生的冲击及碰撞;能经受使用时由于相变及反应介质的作用所发生的化学变化;能承受催化剂自身质量、压力降及热循环所产生的外应力。催化剂的机械强度不仅与组成性质有关,而且还与制备方法紧密相关。特别是载体的选择及成型方法对机械强度影响很大。

一般地,催化剂机械强度的测定方法有直压和侧压两种。前者是将球状,条状、环状催化剂放在强度计中,不断增加负载直至催化剂破裂,再换算成每平方厘米所受的质量,一般至少 10 次试验的平均值作为抗碎强度。后一种方法是将催化剂侧放在强度测定计中,侧压压碎,读出强度计上的负载,再换算为每厘米所受的重量,或直接以破碎时的质量为读数。

流化床催化剂的强度是以耐磨性作为衡量指标,是在催化剂流化的条件下测定其磨损率。

1.3.2.4　稳定性(寿命)

万事万物都离不开寿命问题,催化剂同样具有一定的寿命。在现代化学工业中,人们习惯于用特定工作条件下的允许使用时间来定义催化剂的寿命。这里,催化剂的允许使用时间,具体指的是其活性可达到装置生产能力和原料消耗定额的时间。在具体生产实际中,催化剂活性往往是可以恢复的,故而在一些情况下,人们也会将催化活性下降后再恢复使用的所有使用周期的累计使用时间作为其总寿命。

寿命是催化剂的基本属性,不同的催化剂,其寿命有所不同。有的催化剂寿命仅仅几分钟,而有的催化剂则使用数年之后仍保持较高的活性。当然,对于化工生产而言,催化剂寿命自然是越长越好,这样不仅可以减少催化剂本身的消耗,而且可以降低相关替换、处理环节的成本。当催化剂达到其使用寿命极限时,必须进行再生、补充和更换,否则势必严重影响化工生产过程。如图1.6所示,给出了催化剂的一般寿命曲线。通过该图可以看出,一种催化剂完整的寿命周期大致可以划分为如下3个时期/阶段:

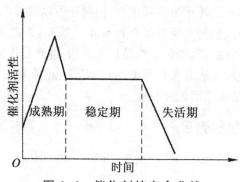

图1.6　催化剂的寿命曲线

(1)成熟期。对于新鲜的催化剂,在其投入使用初期,通常需要进行必要的预处理,进而调整其组成及结构,使其活性提升并逐步保持稳定,这一时期称为成熟期,也有人将之称为诱导期。需要特别注意的是,一般在成熟期内,催化剂的活性要经历先升高、再回落、最后保持稳定的过程。

(2)稳定期。催化剂在经历成熟期之后,其活性可以在较长的时间段内保持不变,这一时期是催化剂发挥其催化作用的主要阶段,称为稳定期。大量的实践证明,不同催化剂的活性稳定期有所不同,反应条件也会对稳定期的长短产生影响。

(3)失活期。随着催化剂使用时间的继续增加,催化剂由于受到反应介质和使用环境的影响,结构或组分发生变化,导致催化剂活性显著下降,必须更换或再生才能继续使用,这个阶段称为催化剂的失活期。

一般地,同一种催化剂,因操作条件不同,寿命也会相差很大。影响催化剂寿命的因素很多,但优良的催化剂一般具有化学稳定性、热稳定性、机械稳定性、毒物抵抗力等特点。

1.3.2.5　环境友好与自然界的相容性

当今社会对技术和经济提出了更高的要求。适应于循环经济的催化反应过程,其催化剂不仅要具有高活性和高选择性,而且还应是无毒无害、对环境友好的,反应尽量遵循"原子经济性",且反应剩余物与自然界相容,也就是"绿色化"。

用于持续化学反应的催化剂在自然界已经发展数亿万年,这就是所谓的生物催化剂——酶。酶催化剂能够在温和条件下高选择性地进行有机反应,而且反应剩余物与自然界是相容的。

1.4　多相催化反应体系分析

根据催化剂和反应物所处的相态,催化反应分为均相催化和多相催化。一般来说,催化剂和反应体系处于同一相中进行的催化反应称为均相催化,而多相催化是指反应混合物和催化剂处于不同相态时的催化反应。多相催化的特征集中表现为:反应是在催化剂活性表面上发生的,其中反应物为气态和催化剂为固态的多相催化体系在现代化学工业中是最重要的。

1.4.1　多相催化反应过程的主要步骤

多相催化反应过程十分复杂,一般包括多个相互关联的物理过程与化学过程。图 1.7 所示是多孔固体催化剂上气-固催化反应的简易流程。通过该图可以看到,在多孔固体催化剂上,气-固催化反应所涉及的变化主要分为如下两类:

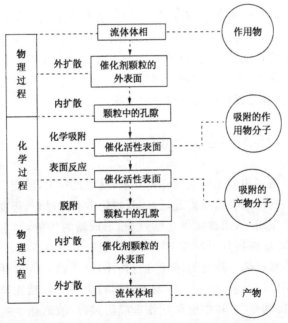

图 1.7　多孔固体催化剂上气-固催化反应的简易流程

（1）物理过程。其中，不涉及化学变化，只有相关物质和能量的转移，主要包括反应物以及产物的外扩散和内扩散。

（2）化学过程。其中，有化学变化的发生，即物质的化学性质发生了改变，主要包括反应物的化学吸附、表面反应、产物脱附等。

1.4.2　外扩散和内扩散

在多相催化反应中，外扩散过程包括如下两个方面：

（1）反应物分子由气流体相向颗粒外表面运动，运动过程中必须通过附在气、固边界层的静止气膜（或液膜）。

（2）生成物分子由颗粒外表面向气流体相运动，运动过程中也必须通过静止层。

类似地，内扩散过程包括如下两个方面：

（1）反应物分子由颗粒外表面向颗粒孔隙内部运动。

（2）生成物分子从孔隙内部向颗粒外表面运动。

对于外扩散过程而言，流体线速度越大，则其扩散速度越快，而静止层则是其扩散阻力的主要来源；对于内扩散过程而言，其扩散阻力主要来源于孔道，颗粒的大小以及孔道的长度、内径、弯曲程度等是影响扩散速度的主要因素。

外扩散和内扩散都属于物理过程，并不会严重影响催化剂表面的化学性质。但是，在扩散过程中，由于阻力的存在，催化剂内外表面的反应物浓度会出现一定的梯度，进而会导致催化剂孔内与外表面的催化活性有所不同。在生产实践中，为了使得催化剂的活性得以充分发挥，应当尽可能采取有效措施，将扩散过程造成的影响予以消除。

1.4.3　反应物分子的化学吸附

化学吸附是多相催化反应的必备环节，反应过程中，反应物分子首先经过扩散运动到催化剂表面及附近，然后开始化学吸附过程，进而与催化剂的活性表面发生作用，从而改变原化学性质，形成新的物种，即生成物。研究证明，催化剂与反应物分子的作用始终遵守能量最小的原则，即催化剂与反应物分子必须经过某一特定的路径进行作用，这条路径所消耗的能量是最低的。在多相催化反应过程中，所发生吸附行为总是包括化学吸附。事实上，化学吸附极其复杂，其中也包括物理吸附过程，故而化学吸附可以分为如下两步：

（1）物理吸附。物理吸附一般是可逆的，吸附力相对较弱，也没有选择性，吸附热一般为 $8\sim20kJ/mol$。物理吸附主要依靠分子间作用力来完成，故而分子量大的物质，分子间作用力也大，更容易完成吸附过程。

（2）化学吸附。化学吸附与物理吸附具有本质的区别，它主要依靠分子内的化学键力来完成，这与化学反应有一定的相似之处。化学吸附的吸附力较大，一般是单分子层吸附，通常是不可逆的，具有比较明显的选择性和饱和性，吸附热大约为 $40\sim800kJ/mol$，远高于物理吸附。进一步研究表明，化学吸附不仅遵循化学热力学的相关规律，也遵循化学动力学的相关规律。一般地，要想促使某一化学吸附过程发生，必须提供其所需的活化能。对于反应物分子的活化而言，化学吸附的作用是至关重要的。

研究人员深入探究了化学吸附的内在机理，发现固体表面的原子比固体内部的原子具有更小的配位数，具有一定的自由价。这样，位于固体表面的原子向内就会受到净作用力，进而可以对其附近的气体分子构成较强的吸附作用，并形成化学键。目前，人们已经可以通过建立模型的手段对化学吸附键合进行比较深入的研究，模型将整个化学吸附过程中所涉及的几何效应与电子效应囊括其中，可以从基团与配位两个层面对化学吸附进行系统分析，并且能够尽可能地找到与表面相吻合的电子轨道及几何对称性。对于催化剂的制备与性能改善而，这些先进技术无疑是十分重要的。

1.4.4　表面反应与产物脱附

在催化剂表面的二维吸附层中，化学吸附的分子处于运动状态，当温度满足一定条件，它们就可以转化为高化学活性分子并在催化剂表面移动，进而发生相应的化学反应。

在现代化学工业中，人们采用熔铁催化剂来合成氨。在通常条件下，如果不使用催化剂，分子态的 N_2 和 H_2 分子很难实现化合。即使可以，那也只能以极小的速率进行，氨的产率极低。究其原因，主要是由于 N_2 和 H_2 分子都十分稳定，在常压、500℃的条件下，需要 $334.6kJ/mol$ 以上的活化能才可以将这两种分子中的化学键破裂。催化剂的加入可以大幅度降低反应所需的活化能，由于化学吸附的作用，N_2 和 H_2 分子内的化学键被很大程度地减弱，甚至达到解离的状态。化学吸附的氢的状态发生了很大的变化，这里用 H_a 表示；同样，化学吸附的氮的状态也发生了很大的变化，用 N_a 表示。它们可以进行一系列的表面相互作用，以能量最低的路径生成氨分子，最终从催化剂表面脱附开来，成为气态的氨（NH_3）。这一系列过程可以用

一组化学方程式来表示,具体为

$$H_2 \longrightarrow 2H_a, N_2 \longrightarrow 2N_a, H_a + N_a \longrightarrow (NH)_a, (NH)_a + H_a \longrightarrow (NH_2)_a$$
$$(NH_2) + H_a \longrightarrow (NH_3)_a, (NH_3)_a \longrightarrow NH_3$$

在上述催化反应过程中,N_2 分子的解离吸附过程 $N_2 \longrightarrow 2N_a$ 仅需 70kJ/mol 的活化能,这要远低于不使用催化剂时的活化能需求值。故而,在整个反应过程,该过程起着速率控制的作用。换言之,正是由于这一过程发生,才使得总反应速率得以提高。如图 1.8 所示,给出了催化反应 $\frac{1}{2}N_2 + \frac{3}{2}H_2 \longrightarrow NH_3$ 的实际途径。实践证明,在常压、500℃的状态下,多相催化反应的速率要比均相反应快很多,约高出 13 个数量级。然而,有关理论进一步证明,催化剂不会使反应的平衡位置发生改变,即催化剂既不会改变反应初态与末态的焓值,也不会改变反应过程总的转化率 X_e,催化剂并不影响反应的平衡位置。

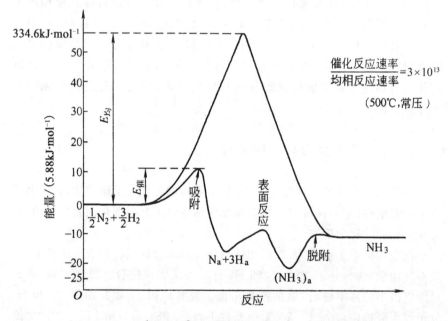

图 1.8　$\frac{1}{2}N_2 + \frac{3}{2}H_2 \longrightarrow NH_3$ 的催化反应途径

对于上述反应过程,当 H_a 与 N_a 在表面接触时,只有表面的几何构型符合一定的标准,并且提供适宜的能量,就会有反应发生。反应式 1.1 通常称为表面反应,要想让表面反应式 1.1 正常进行,就必须保证 H_a 和 N_a 都处于适宜的化学吸附状态之下,太强或太弱都不利于反应的正常进行。通常情况下,根据吸附强度与其关联催化反应速率所绘制的曲线呈现"火山形"。在合成氨的多相催化反应中,反应式 1.1 也可以作为速率控制步骤,但必须配合吸附等温式,才可以将该催化反应速率的表达方程准确表示出来,有兴趣的读者可以自行尝试。

$$\begin{array}{ccccc}
N_a & H_a & & \overset{\displaystyle\begin{array}{c} H \\ | \\ N \end{array}}{}_a & \\
| & | & & | & | \\
S & + & S & \longrightarrow & S & + & S
\end{array} \tag{1.1}$$

与吸附相对应,脱附遵循相同的规律,可以视为吸附的逆过程。在多相催化反应过程中,反应产物和被吸附的反应物都存在脱附。显然,被吸附的反应物脱附太强将不利于反应的正常进行,而反应产物则是越容易脱附越好。如果反应产物不能很好地脱附,则有可能对反应物分子接近催化剂表面的过程构成干扰,甚至可能使得催化剂失活。特别地,如果想提取反应过程的中间产物,则脱附太强也不是好事,因为可能导致其进一步反应或分解。

1.4.5　多相催化的反应速率

多相催化过程是复杂的,一方面多相催化剂的表面结构复杂、多变,催化剂表面能量不是均匀的。有许多缺陷和位错;另一方面,在多相催化剂表面的反应是由一系列简单反应所组成的复杂反应。每步简单反应的反应速率是不同的,表观反应速率也就是有效反应速率决定于最强控制步骤,即反应的最慢步骤。这个最慢步骤(决速步骤)决定了反应级数。有效反应速率 r_{eff} 受许多因素影响,包括相界面的性质、催化剂的堆积密度、孔结构和扩散边界层的转移率。如果物理步骤是决速步骤,那么催化剂的能力就没有被完全利用。例如,薄膜扩散阻力可通过提高反应器中气体流动速率来减弱。如果微孔扩散有决定性的影响,那么从外表面进入内表面的速率就会很小。在这种情况下,减小催化剂的颗粒大小可缩短扩散路径,并且反应速率增大直至它不再依赖孔扩散。通过浓度对孔径的变化图可显示出反应速率受孔径变化的信息。

若反应物的本体浓度用 c_{Ag} 表示,催化剂的表面浓度用 c_{As} 表示,催化剂颗粒中心处的浓度用 c_{Ac} 表示,则多相催化反应过程中球形催化剂颗粒内外的浓度分布如图 1.9 所示。因相间传质是一个物理过程,反应受外扩散控制时,在边界层厚度的范围内,A 的浓度由 c_{Ag} 下降至 c_{As},与距离成线性关系[图 1.9(c)]。而当反应受内扩散控制时,在催化剂颗粒内部,化学反应和传递过程同步进行。浓度分布曲线见图 1.9(b)。随着化学反应的进行,越深入到颗粒内部,反应物 A 的浓度越小。催化剂颗粒中心处的浓度 c_{Ac} 对于不可逆反应,可能达到的最小浓度为 0,而对于可逆反应则为平衡浓度。

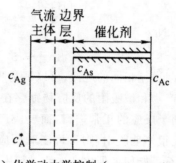

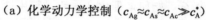

（a）化学动力学控制（$c_{Ag} \approx c_{As} \approx c_{Ac} \gg c_A^*$）

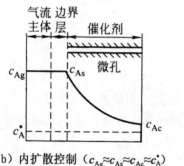

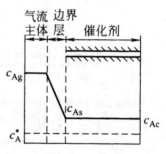

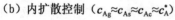

（b）内扩散控制（$c_{Ag} \approx c_{As} \approx c_{Ac} \approx c_A^*$）　　（c）外扩散控制（$c_{Ag} \approx c_{As} \approx c_{Ac} \approx c_A^*$）

图 1.9　多相催化反应过程中球形催化剂颗粒
内外的浓度分布示意图

　　此外,改变温度也可以改变反应的有效速率。在动力学区域,反应速率随温度升高快速增大,反应速率服从 Arrhenius 规律。微孔扩散区域,虽然反应速率也随温度升高而增大,但因存在扩散阻力,催化剂的效用减小。结果造成反应速率比在动力学区域增大得慢。在薄膜扩散区域,随温度升高,反应速率缓慢增大,由于扩散对温度只有依赖,是非对数关系。实际上没有反应阻力,反应物从催化剂外部扩散到催化剂表面时几乎全部转化为产物。

　　总催化反应进程的数学处理比较复杂,宏观动力学方程需通过许多物理和化学反应步骤联合求解。

第 2 章 酸碱催化剂及其催化作用

酸碱催化剂可分为液体酸碱催化剂与固体酸碱催化剂。多数液体酸碱催化剂为化学药剂或者直接通过配置而得，它们具有一定的腐蚀性。在使用液体催化剂进行催化反应时，在反应结束后应将催化剂与反应混合物分离；在使用固体催化剂时，流体反应物与固体催化剂各自成相，工艺简单。多数酸碱催化剂是催化剂工业的产品，目前应用最广泛的是固体酸催化剂。

2.1 酸碱催化剂的应用及分类

2.1.1 酸碱催化剂的应用

酸碱催化剂的应用非常广泛，它已经是工业生产中不可或缺的，尤其是在石油化工、石油炼制领域有着大量的应用。工业对催化剂的大量需求也推动了催化剂研究的重大进展，特别是采用沸石分子筛作为酸催化剂与酸性载体后，催化剂的效率大大提升。沸石催化剂不仅高效而且对环境的污染很小，与其他的催化剂相比有着更为广阔的发展前景。工业中应用最广的是酸催化剂，常见的酸催化剂及催化反应见表 2.1。人们对碱催化剂的研究也很活跃，但是实际应用中很少用到。

表 2.1 工业上重要的酸催化剂及催化反应

反应类型	主要反应	催化剂典型代表
催化裂化反应	重油馏分→汽油＋柴油＋液化气＋干气	稀土超稳 Y 分子筛(REUSY)
烷烃异构化反应	C_5/C_6 正构烷烃 → C_5/C_6 异构烷烃	卤化铂/氧化铝
芳烃异构化反应	间、邻二甲苯→对二甲苯	$HZSM-5/Al_2O_3$，HM/Al_2O_3

续表

反应类型	主要反应	催化剂典型代表
甲苯歧化反应	甲苯→二甲苯＋苯	HM 沸石或 HZSM-5
烷基转移反应	二异丙苯＋苯→异丙苯	Hβ 沸石
烷基化反应	异丁烷＋1-丁烯→异辛烷	HF,浓硫酸
芳烃烷基化反应	苯＋乙烯→乙苯	AlCl₃ 或 HZSM-5,Hβ 沸石
	苯＋丙烯→异丙苯	固体磷酸(SPA)或 Hβ 沸石,MCM-22
择形催化烷基化反应	乙苯＋乙烯→对二乙苯	改性 ZSM-5
柴油临氢降凝反应	柴油中直链烷烃→小分子烃	Ni/HZSM-5(双功能催化剂)
烃类芳构化反应	C₄~C₅ 烷、烯烃→芳烃	GaZSM-5,ZnZSM-5
乙烯水合反应	乙烯＋水→乙醇	固体磷酸 SM-5
酯化反应	RCOOH＋R′OH→RCOOR′	H₂SO₄、H₃PO₄ 或者离子交换树脂
醚化反应	2CH₃OH→CH₃OCH₃	HZSM-5
	甲醇＋异丁烯→甲基叔丁基醚	大孔离子交换树脂

2.1.2 酸碱催化剂的分类

可作为酸碱催化剂的物质种类很多,各种固体酸碱和液体酸碱催化剂见表 2.2。

表 2.2 固体酸碱和液体酸碱催化剂

酸碱类型	催化剂
固体酸	天然黏土矿物:高岭土、膨润土、蒙脱土、天然沸石
	担载酸:H₂SO₄、H₃PO₄、CH₃COOH 等载于氧化硅、石英砂、氧化铝、硅藻土上
	阳离子交换树脂
	焦炭经 573K 热处理

续表

酸碱类型	催化剂
固体酸	金属氧化物及硫化物:ZnO、CdO、Al_2O_3、CeO_2、ZrO_2、As_2O_3、Bi_2O_3、Sb_2O_3、V_2O_5、Cr_2O_3、MoO_3、CdS、ZnS 等
	氧化物混合物:SiO_2-Al_2O_3、SiO_2-TiO_2、SiO_2-MgO、Al_2O_3-Fe_2O_3、TiO_2-NiO、
	ZnO-Fe_2O_3、MoO_3-CoO-Al_2O_3、杂多酸、人工合成分子筛等
	金属盐:$MgSO_4$、$CaSO_4$、$SrSO_4$、$ZnSO_4$、$Al_2(SO_4)_3$、$FeSO_4$、$Zr_3(PO_4)_4$、$SnCl_2$、$TiCl_4$、$AlCl_3$、BF_3、$CuCl$ 等
固体碱	担载碱:$NaOH$、KOH 载于氧化硅或氧化铝上,碱金属及碱土金属分散于氧化硅、氧化铝上、K_2CO_3、Li_2CO_3 载于氧化硅上等
	阴离子交换树脂
	焦炭于 1173K 下热处理,或用 NH_3、$ZnCl_2$-NH_4Cl-CO_2 活化
	金属氧化物:Na_2O、K_2O、Cs_2O、BeO、MgO、CaO、SrO、BaO、ZnO、La_2O_3、CeO_4 等
	氧化物混合物:SiO_2-MgO、SiO_2-CaO、SiO_2-BaO、SiO_2-ZnO、ZnO-TiO_2、TiO-MgO
	等金属盐:Na_2CO_3、K_2CO_3、$CaCO_3$、$SrCO_3$、$BaCO_3$、$(NH_4)2CO_3$、KCN 等
	金属或碱土金属改性的各种沸石分子筛
液体酸	H_2SO_4、H_3PO_4、HCl 水溶液、醋酸等
液体碱	$NaOH$ 水溶液、KOH 水溶液等

从表 2.2 可看出,常用的酸碱催化剂主要是元素周期表中从ⅠA到ⅦA 的一些氢氧化物、氧化物、盐和酸,也有一部分是副族元素的氧化物和盐。

2.2 酸碱定义及酸碱中心的形成

2.2.1 酸碱的定义

2.2.1.1 电离学说

在 19 世纪末期,Arrhenius 和 Ostwald 曾提出电离学说。即凡是在水中能离解产生 H^+ 者谓之"酸";能离解产生 OH^- 者谓之"碱"。

这种酸碱定义很狭隘,遇到 C_2H_5ONa、$NaNH_2$ 之类碱性物质及不溶于水的固体就无法解释。

2.2.1.2 酸碱溶剂理论(液态氨中酸碱定义)

Franklin 提出了液态氨中酸碱定义。HCl 溶解在液态氨中形成 NH_4Cl,成为酸性溶液,该溶液能使酚酞褪色。$NaNH_2$ 溶解在液态氨中成为碱性溶液。这两种溶液放在一起会发生酸、碱中和反应:

$$NH_4Cl + NaNH_2 \longrightarrow NaCl + 2NH_3$$

2.2.1.3 酸碱质子理论(Brönsted 酸碱概念)

在 1923 年,丹麦人 J. N. Brönsted 和英国人 T. M. Lowry 几乎同时提出:只要是能够释放出质子 H^+ 的物质称为酸;只要是能够接受质子的物质称为碱。

$$BH^+ \rightleftharpoons B + H^+$$
$$\text{酸} \quad \text{碱}$$

离解出来的 H^+ 会在溶剂中发生溶剂化作用(如 H^+ 在 H_2O 中成为 H_3O^+,在 NH_3 中成为 NH_4^+ ……)。HCl 在 NH_3 中向 NH_3 提供 H^+ 使 NH_3 成为 NH_4^+,所以 HCl 为酸而 NH_3 为碱。反应之后,Cl^- 称为共轭碱,NH_4^+ 称为共轭酸。

酸可以是正离子、负离子或中性分子,碱也可以是正离子、负离子或中性分子。部分 Brönsted 酸碱的种类如表 2.3。从 Brönsted 的酸、碱概念出发,酸与碱发生中和反应并不一定要生成盐,它只能看成是 H^+ 从较弱的碱转移到较强的碱上而已。这样,Brönsted 酸碱概念就把 Arrhenuis 酸碱概念包括在内了。

表 2.3　Brönsted 酸碱种类

	酸	碱	
分子	HI,HBr,HCl,HF HNO$_3$,HClO$_4$,H$_2$SO$_4$,H$_3$PO$_4$ H$_2$S,H$_2$O,HCN,H$_2$CO$_3$	I$^-$,Br$^-$,Cl$^-$,F$^-$,HSO$_4^-$,SO$_4^{2-}$, HPO$_4^{2-}$,HS$^-$,S^{2-}, OH$^-$,O^{2-},CN$^-$, HCO$_3^-$,CO$_3^{2-}$	负离子
正离子	[Al(OH$_2$)$_6$]$^{3+}$,NH$_4^+$ [Fe(OH$_2$)$_6$]$^{3+}$,[Cu(OH$_2$)$_4$]$^{2+}$	NH$_3$,H$_2$O,胺 N$_2$H$_4$,NH$_2$OH	分子
负离子	HSO$_4^-$,H$_2$PO$_4^-$,HCO$_3^-$,HS$^-$	[Al(OH)(OH$_2$)$_5$]$^{2+}$ [Cu(OH)(OH$_2$)$_3$]$^+$ [Fe(OH)(OH$_2$)$_5$]$^{2+}$	正离子

2.2.1.4　酸碱电子理论(Lewis 酸碱理论)

Lewis 从电子对概念出发,认为:凡是在电子结构上呈未饱和状态(即有空轨道)的原子必具有接受外来电子对的本领者称这酸;反之,凡是在电子结构上具有未共用的电子对并能向外提供这一电子对者称为碱。Lewis酸碱中和的实质是酸和碱之间形成了一种由配位键结合起来的酸碱加成物。表 2.4 列出了部分 Lewis 酸的种类。

表 2.4　Lewis 酸种类

P 空轨道原子	ⅢA 族	Al,Ga,In,Tl 的卤化物,Al$_2$O$_3$
	ⅡA 族	Be,Mg,Ca 的卤化物
d 空轨道原子	第 3 周期以上的过渡金属卤化物及其硫酸盐	PbCl$_2$,HgCl$_2$.CaCl$_2$,SnCl$_2$,CuCl$_2$,AgCl,CaS,MnSO$_4$,NiSO$_4$,CuSO$_4$,CoSO$_4$,FeSO$_4$,SrSO$_4$,ZnSO$_4$,Al$_2$(SO$_4$)$_3$,Fe$_2$(SO$_4$)$_3$,…
阳离子	金属离子非金属离子	Li$^+$,Ag$^+$,Ni$^+$,Cu^{2+},NO^{2+},R$^+$
容易极化的含有重键的分子		CO$_2$,CH$_3$COCH$_3$,RCOCl,…

Lewis 酸碱与 Brönsted 酸碱的比较：凡是能与 H^+ 相结合的 Brönsted 碱也一定是一个能向 H^+ 提供电子对的 Lewis 碱。但是，Brönsted 酸与 Lewis 酸却决然不同，例如，$AlCl_3$ 只能看成是一种能接受电子对的 Lewis 酸而不是 Brönsted 酸（因为它不能释放出 H^+）；HCl 是一种能释放出 H^+ 的 Brönsted 酸而不是 Lewis 酸（因为 HCl 不能接受电子对）。

2.2.1.5 酸碱正负理论

苏联科学家乌萨维奇在 1939 年指出：能够与碱发生中和形成盐类并释放出阳离子或者能够结合阴离子的物质就是酸；反之能够中和酸并放出阴离子或者能够结合阳离子的物质就是碱，详见表 2.5。

表 2.5 酸碱正负理论的酸与碱

酸	碱	盐	
SO_3	Na_2O	$Na_2^+ SO_4^{2-}$	结合 O^{2-}
$Fe(CN)_2$	KCN	$K_4^+[Fe(CN)_6]^{4-}$	$Fe(CN)_2$ 结合 CN^-
Cl_2	K	K^+Cl^-	Cl_2 结合一个电子
$SnCl_4$	Zn	$Zn^{2+}[SnCl_4]^{2-}$	$SnCl_2$ 结合两个电子

这一理论具有更为广泛的意义，它包含了涉及任意数目的电子转移的反应，更加适用于氧化还原反应。

2.2.1.6 氧离子理论

鲁克斯提出：酸是氧离子的接受体，而碱是氧离子的给予体。

$$碱 \longrightarrow 酸 + O^{2-}$$
$$SO_4^{2-} \longrightarrow SO_3 + O^{2-}$$
$$BaO \longrightarrow Ba^{2+} + O^{2-}$$

酸碱反应：

$$碱 + 酸 \longrightarrow 盐$$
$$CaO(S) + SO_3(g) \longrightarrow CaSO_4(S)$$

该理论的优点：特别适用于高温下氧化物之间的反应。

2.2.1.7 软硬酸碱理论(广义酸碱理论)

1963 年，皮尔孙提出：凡是能够释出 H^+，释出正离子或者能够与电子或负离子相结合者皆为酸；反之，凡是能够释出电子，释出负离子或者说能

够与 H^+ 或正离子相结合者皆为碱。这就大大扩大了 Brönsted 和 Lewis 的酸碱定义。

有了这个定义,几乎所有的加成物形成过程都可以看成是酸碱反应过程。例如,任何有机物由于共价键两端原子的电负性之差不同,在极其特殊的情况下都可分解成"酸"和"碱"。

$$C_2H_5OH \Longrightarrow [C_2H_5]^+ + [OH]^-$$

极其稳定的烷烃可分割为:

$$RH \Longrightarrow [H^+](酸) + [R^-](碱) \ 或 [R^+](酸) + [H^-](碱)$$

软硬酸碱理论的基础仍是电子理论,根据酸或碱的核子对其外围电子抓得松紧的程度定义"软"或"硬",抓得紧的叫硬酸或碱,抓得松的叫软酸或碱。体积小或者正电荷数目较高的物种,在外电场作用下难以变形,称之为硬酸。硬酸的特点是原子体积小,正电荷高且极化率较低,外层电子抓得很紧。主要包括 I A、II A、III A、III B、镧系、锕系阳离子;较高氧化态的轻 d 过渡金属阳离子,如 Fe^{3+}、Cr^{3+} 及 Si^{4+}。相反在外电场中容易变形的称之为软酸,其特点是体积大,正电荷数极低或者为 0,极化率很高,外层电子抓的很松。主要包括较低氧化态的过渡金属阳离子和较重过渡金属阳离子。如 Cu^+、Hg^+、Cd^{2+}。同理,碱也分硬碱和软碱。硬碱的特点是极化率低,电负性高,难以氧化,形象地说就是外层电子抓得很紧,很难失去。如 F^-、NH_3、NO_3^-。软碱与硬碱相反,如 I^-、H^-、CO、R_2S。软酸软碱间主要形成共价键,硬酸硬碱间主要形成离子键。软硬酸碱的结合规则:"硬亲硬,软亲软,软硬交界的不管"。

软硬酸碱理论的实际应用举例。

(1)判断化合物的稳定性。

1)HF(硬硬)>HI(硬软):

$$[Cd(CN)_4]^{2-}(软软) > [Cd(NH_3)_4]^{2+}(软硬)$$

2)HgF_2(软硬)+BeI_2(硬软)→BeF_2(硬硬)+HgI_2(软软):

$$Ag^+(软) + HI(硬软) \to AgI(软软) + H^+(硬)$$

3)由 CN^-,SCN^-,OCN^- 配体构成的稳定配合物:

$$Fe(SCN)_3,[(C_5H_5)_2Ti(OCN)]^{2-}(硬硬)$$

$$[Pt(SCN)_6]^{2-},[Ag(SCN)_2]^-,[Ag(NCO)_2]^-(软软)$$

4)在矿物中,Mg^{2+}、Ca^{2+}、Sr^{2+}、Ba^{2+}、Al^{3+} 等金属离子为硬酸,通常以氧化物、氟化物、碳酸盐和硫酸盐等形式存在;Cu^+、Ag^+、Pb^{2+}、Zn^{2+}、Hg^{2+} 等金属离子为软酸,则以硫化物形式存在。

(2)判断物质的溶解性。硬溶剂能较好地溶解硬溶质,软溶剂能较好地溶解软溶质。如,水是硬溶剂,能较好地溶解体积小的阴离子(如 AgF)及体积小的阳离子(如 LiI),但还要考虑晶格能等。物质的溶解过程可看作是溶剂和溶质间的酸和碱的相互作用。如果把溶剂作为酸碱看待,那么就有软硬之分。例如,水是硬溶剂,苯是软溶剂;如果把溶质作为酸碱看待,也有软硬之分。如,离子化合物是硬溶质,共价化合物是软溶质。

(3)类聚现象。碱与简单酸配位后会影响酸的软硬度,使该酸与其他碱的键合能力受到影响。软配体增加酸的软度,因此更加倾向于与软碱相键合。如,B^{3+} 与 H^- 结合形成 BH_3 后软度增加,更加倾向于与 CO(软碱)结合形成 BH_3CO;B^{3+} 与 F^- 结合形成 BF_3 后硬度增加,更加倾向于与 OR_2(硬碱)结合成 BF_3OR_2。

(4)催化作用。例如苯与卤代烃的烷基化反应,催化剂 $AlCl_3$ 是硬酸,它与硬碱 Cl^- 结合为 $AlCl_4^-$,同时生成软酸 R^+,R^+ 与软碱苯核有很大的反应活性。其他硬酸 $FeCl_3$、$SnCl_4$ 对该反应也都有催化效果。

(5)化学反应速率。一般而言,生成硬—硬或者软—软取代产物的反应速率都比较大。例如三氯甲烷的取代反应,软碱(RS^-、RaP、I^-)对 Cl^- 的取代反应较快,硬碱(RO^-、R_3N、F^-)对 Cl^- 的取代反应就较慢。

2.2.2 酸碱中心的形成

在均相酸碱催化反应中,酸碱催化剂在溶液中可解离出 H^+ 或者 OH^-;在多相酸碱催化反应中,催化剂为固体,它可提供质子(B)酸中心或非质子(L)酸中心和碱中心。以酸中心的形成为例来说明固体催化剂酸碱中心的形成。

2.2.2.1 浸渍在载体上的无机酸酸中心的形成

用直接浸渍在载体上的无机酸作催化剂时,其催化作用与处于溶液形态的无机酸相同,均可直接提供 H^+。例如,H_3PO_3 浸渍在硅藻土或 SiO_2 上,为了使 H_3PO_3 能稳定地担载在载体上,通常在 $300\sim400$℃下焙烧,使其以正磷酸和焦磷酸形式存在,这样可提供 B 酸中心 H^+,使用过程中为防止正、焦磷酸变为偏磷酸(催化活性低),常加入微量水。

2.2.2.2 卤化物酸中心的形成

卤化物作为酸催化剂时其催化作用的主要是 L 酸中心,为了更好地发挥其催化性能,一般还需要加入适量的 HCl、HF、H_2O,这样 L 酸中心就转变为 B 酸中心。其作用如下:

$$F : \overset{\overset{\displaystyle F}{\cdot\cdot}}{\underset{\underset{\displaystyle F}{}}{B}} + : \overset{\cdot\cdot}{\underset{\cdot\cdot}{O}} : H \rightleftharpoons H^- \left[: \overset{\overset{\displaystyle H}{\cdot\cdot}}{\underset{\underset{\displaystyle F}{}}{O}} : \overset{\overset{\displaystyle F}{}}{B} : F \right]^-$$

2.2.2.3　氧化物酸碱中心的形成

大多数金属氧化物以及由它们组成的复合氧化物都具有酸性或碱性，有的甚至两种性质兼备。

(1)单氧化物酸碱中心的形成。ⅠA、ⅡA族元素的氧化物常表现出碱性，而ⅢA族和过渡金属氧化物却常呈现酸性。例如，Al_2O_3 表面经 670K 以上热处理，得到 $\gamma\text{-}Al_2O_3$ 和 $\eta\text{-}Al_2O_3$ 均具有酸中心和碱中心，形成如下：

$$HO-\underset{\underset{\displaystyle}{}}{\overset{\overset{\displaystyle OH}{|}}{Al}}-OH + HO-\underset{\underset{\displaystyle}{}}{\overset{\overset{\displaystyle OH}{|}}{Al}}-OH + \cdots \xrightarrow{-H_2O}$$

$$-O-\underset{}{\overset{\overset{\displaystyle OH}{|}}{Al}}-O-\underset{}{\overset{\overset{\displaystyle OH}{|}}{Al}}-O- \xrightarrow{-H_2O} \quad \text{L酸中心} \quad -O-Al^+-O-\underset{}{\overset{\overset{\displaystyle O^-}{|}}{Al}}-O- \quad \leftarrow \text{碱中心}$$

但上述 L 酸中心很易吸水转变为 B 酸中心：

$$-O-Al^+-O-\underset{}{\overset{\overset{\displaystyle O^-}{|}}{Al}}-O- \xrightarrow{+H_2O} \quad \text{B酸中心} \rightarrow \underset{}{\overset{\overset{\displaystyle H}{|}}{O}}-H^+ \quad O^- \\ -O-\underset{}{\overset{|}{Al}}-O-\underset{}{\overset{|}{M}}-O-$$

这表明氧化铝表面不仅有 L 酸中心、B 酸中心，还有碱中心，但 NH_3 在 Al_2O_3 上的化学吸附表征结果表明 B 酸很少。所以，Al_2O_3 表面以 L 酸中心为主。

又如，Cr_2O_3 表面也主要为 L 酸中心，Cr_2O_3 在脱后，未被氧覆盖的 Cr^{3+} 空轨道可以与碱性化合物形成配位键，呈现出 L 酸中心性质。

(2)二组分混合金属氧化物酸中心的形成。最常见的混合氧化物为 $SiO_2\text{-}Al_2O_3$。硅胶和铝胶单独对烃类的催化裂化并无多大活性，但二者形成混合氧化物 Al_2SiO_5 却表现出很高活性。硅酸铝呈无定型时称为硅铝胶或无定型硅铝，而硅酸铝呈晶体时即为各种类型的分子筛。硅酸铝的酸中心数目与强度均与铝含量有关。硅酸铝中的硅和铝均为四配位结合，Si^{4+} 与四个 O^{2-} 配位，形成 SiO_4 四面体，而半径与 Si^{4+} 相当的 Al^{3+} 同样也与四

个 O^{2-} 配位,形成 AlO_4 四面体,因为 Al^{3+} 形成的四面体缺少一个正电荷,为保持电中性需有一个 H^+ 或阳离子来平衡负电荷,在此情况下 H^+ 作为 B 酸中心存在于催化剂表面上。Thomas 提出的结构如下:

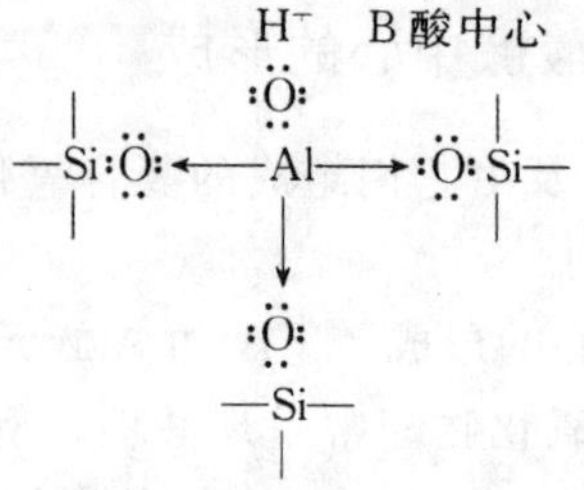

Al^{3+} 与 Si^{4+} 之间的 O 上的电子向 Si^{4+} 方向偏移,如箭头所示。当 Al^{3+} 上的与相邻的 Al^{3+} 上的结合脱水时,产生 L 酸中心,表示如下:

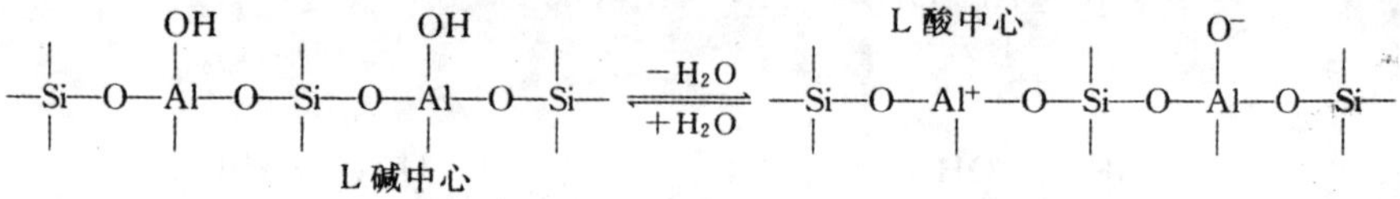

由上述两个表达式可以看出,B 酸中心和 L 酸中心可以相互转化。SiO_2-Al_2O_3 是二组分混合氧化物酸性催化剂中最典型的代表。其他两种元素的混合氧化物也可生成酸中心。Thomas 认为,金属氧化物中加入价数不同或配位数不同的其他氧化物,同晶取代的结果产生了酸中心结构,如图 2.1 所示。常见的三种情况见表 2.6。

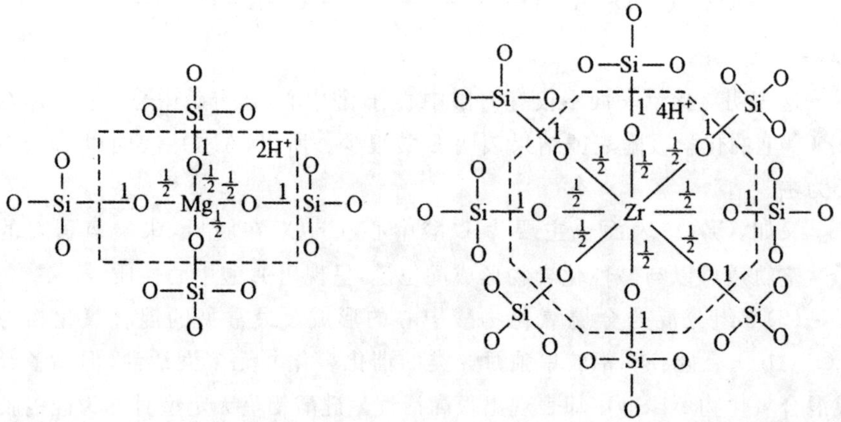

(a) SiO_2-MgO(SiO_2 过量)　　　　(b) SiO_2-ZrO_2(SiO_2 过量)

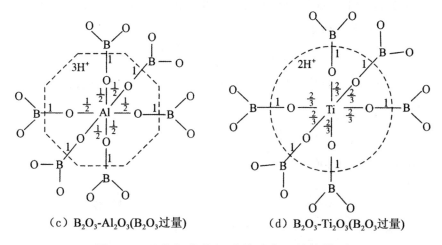

（c）B₂O₃-Al₂O₃(B₂O₃过量)　　　　（d）B₂O₃-Ti₂O₃(B₂O₃过量)

图 2.1　两种氧化物组成的酸中心结构模型

表 2.6　二组分混合氧化物类型及典型示例

混合氧化物状态	典型氧化物	阳离子价态	阴离子配位数
正离子价数不同 而配位数相同	Al₂O₃-SiO₂	Si＝＋4，Al＝＋3	Si＝4，Al＝4
	MgO-SiO₂	Si＝＋4，Mg＝＋2	Si＝4，Mg＝4
正离子价数相同 而配位数不同	SiO₂-ZrO₂	Si＝＋4，Zr＝＋4	Si＝4，Zr＝8
	Al₂O₃-B₂O₃	Al＝＋3，B＝＋3	Al＝6，B＝3
正离子价数和 配位数均不同	TiO₂-B₂O₃	Ti＝＋4，B＝＋3	Ti＝6，B＝3
	ZrO₂-CdO	Zr＝＋4，Cd＝＋2	Zr＝8，Cd＝4

　　二组分混合氧化物产生的酸中心是 B 酸还是 L 酸,由 Tanabe(田部浩三)等人的新假说中可以得出:之所以有酸中心的生成是由于二组分氧化物结构模型中正负电荷的过剩所造成的。假说表明:

　　1)C1 为第一种氧化物金属离子配位数,C2 为第二种氧化物金属离子配位数,两种金属离子混合前后配位数不变。

　　2)氧的配位数混合后有可能改变,但所有氧化物混合后氧的配位数与主成分的配位数相同。

　　3)已知配位数和金属离子电荷数,用图 2.1 模型可计算出整体混合氧化物的电荷数,负电荷过剩时可呈现 B 酸中心,而正电荷过剩时为 L 酸中心。

例如,在 TiO_2-SiO_2 二组分混合氧化物中,当 TiO_2 比 SiO_2 大量过量时,在 Si 上剩余电荷为

$$\left(+\frac{4}{4}-\frac{2}{3}\right)\times 4 = +\frac{4}{3}$$

此时在 Si 上形成 L 酸中心。当 SiO_2 较 TiO_2 大量过量时,在 Ti 上的剩余电荷为

$$\left(+\frac{4}{6}-\frac{2}{2}\right)\times 6 = -2$$

此时在 Ti 上形成 B 酸中心。

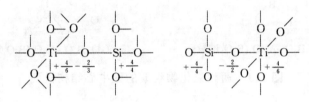

田部浩三关于二组分混合氧化物酸性中心模型的假说从理论上看不够充分,但实际应用起来还是有实用价值的。他对 31 例二组分混合氧化物是否有酸性的预测,理论与实验结果符合的有 28 例,符合率为 90%。Thomas 时代尚未提出 L 酸概念,而且那时氧的配位数尚未准确得出,使得按 Thomas 酸中心模型测得酸类型符合的仅有 15 例,符合率为 48%。

2.3 固体酸碱的性质及其测定

2.3.1 固体酸的性质

固体酸的性质主要有三个方面,分别是酸中心的类型、酸中心的浓度与酸中心的强度。下面将对固体酸的性质展开说明。

2.3.1.1 酸中心的类型

通常与催化作用相关的酸中心分为 B 酸和 L 酸。B 酸和 L 酸的定义在上节已经叙述。表征固体酸的酸中心类型最常用的方法是碱分子吸附红外光谱法。后面将详细介绍。

2.3.1.2　酸中心的浓度

酸中心的浓度又称之为酸量。对于稀溶液中的均相酸碱催化而言，液体酸催化剂的酸浓度指的是单位体积内所含酸中心数目的多少，通常可以用(H^+毫克当量数/毫升)或者(H^+毫摩尔/毫升)来表示。在多相酸碱催化中，固体酸催化剂的酸浓度指的是催化剂单位表面积或者单位质量所含的酸中心的数目的多少，它可用(酸中心数/米)或(H^+毫摩尔/克)来表示。酸浓度测量方法很多，将在下面讨论酸强度测量时一并叙述。

2.3.1.3　酸中心的强度

酸中心的强度又称之为酸强度。对 B 酸中心来说，是指给出质子能力的强弱。给出质子能力越强说明固体酸催化剂酸中心的强度越强；相反给出质子能力越弱，表明固体酸催化剂酸中心的强度越弱。对于 L 酸中心来说，是指接受电子对能力的强弱。接受电子对能力越强，表明固体酸催化剂酸中心的强度越强。

对稀溶液中的均相酸碱催化剂，可用 pH 来量度溶液的酸强度。当讨论浓溶液或固体酸催化剂的酸强度时，要引进一个新的量度函数 H_0，并称它为 Hammett 函数或酸强度函数。H_0 的含义及测定，可从 Hammett 指示剂法测定原理得到解答。

(1)Hammett 指示剂的胺滴定法。将某些指示剂吸附在固体酸表面上，根据颜色的变化来测定固体酸表面的酸强度。测定酸强度的指示剂本身为碱性分子，且不同指示剂具有不同接受质子或给出电子对的能力，即具有不同的 pK_a 值，见表 2.7。当碱性指示剂 B 与固体酸表面酸中心 H^+ 起作用，形成共轭酸时，共轭酸的解离平衡为

$$BH^+ \rightleftharpoons B + H^+$$

$$K_a = \frac{a_B a_{H^+}}{a_{BH^+}} = \frac{C_B r_B a_{H^+}}{C_{BH^+} r_{BH^+}} \tag{2.1}$$

式中：a 及表示活度；r 表示活度系数。

对式(2.1)取对数得

$$\lg K_a = -\lg \frac{a_{H^+} r_B}{r_{BH^+}} + \lg \frac{C_B}{C_{BH^+}}$$

或者

$$-\lg \frac{a_{H^+} r_B}{r_{BH^+}} = -\lg K_a + \lg \frac{C_B}{C_{BH^+}} \tag{2.2}$$

定义

$$H_0 = -\lg \frac{a_{H^+} r_B}{r_{BH^+}} \qquad (2.3)$$

令

$$-\lg K_a = pK_a \qquad (2.4)$$

于是式(2.2)变为

$$H_0 = pK_a + \lg \frac{C_B}{C_{BH^+}} \qquad (2.5)$$

从式(2.3)和式(2.4)可以看出,H_0 越小,即负值越大,则 $\frac{a_{H^+} r_B}{r_{BH^+}}$ 越大,$\frac{C_{BH^+}}{C_B}$ 也越大,这表明固体酸表面给出质子使 B 转化为 BH^+ 的能力越大,即酸强度越强。由此可见,H_0 的大小代表了酸催化剂给出质子能力的强弱,因此称它为酸强度函数。

表 2.7 测定酸强度的指示剂

指示剂	碱型色	酸型色	pKa	$(H_2SO_4)/\%(m/m)$ *
中性红	黄	红	+6.8	8×10^{-8}
苯偶氮萘胺	黄	红	+4.0	5×10^{-5}
二甲基黄	黄	红	+3.3	3×10^{-4}
2-氨基-5-偶氮甲苯	黄	红	+2.0	5×10^{-3}
苯偶氮二苯胺	黄	紫	+1.5	2×10^{-2}
4-二甲基偶氮-1-萘	黄	红	1.2	3×10^{-2}
结晶紫	蓝	黄	+0.8	0.1
对硝基苯偶氮-对硝基二苯胺	橙	紫	+0.43	—
二肉桂丙酮	黄	红	-3.0	48
苯亚甲基苯乙酮	无色	黄	-5.6	71
蒽醌	无色	黄	-8.2	90

在稀溶液中,$r_{BH^+} \approx r_B$,$C_{H^+} \approx a_{H^+}$,则式(2.3)变为

$$H_0 = -\lg C_{H^+} = pH$$

即在稀溶液中 H_0 就等于 pH。

测定固体酸强度可选用多种不同 pK_a 值的指示剂,分别滴入装有催化剂的试管中,振荡使吸附达到平衡,若指示剂由碱型色变为酸型色,说明酸强度 $H_0 \leqslant pK_a$,若指示剂仍为碱型色,说明酸强度 $H_0 > pK_a$。为了测定某

一酸强度下的酸中心浓度,可用正丁胺滴定,使由碱型色变为酸型色的催化剂再变为碱型色。所消耗的正丁胺量即为该酸强度下的酸中心浓度。

采用 Hammett 指示剂正丁胺非水溶液滴定法测定固体酸酸性质,即可测定出酸中心的不同酸强度,同时还可测定某一酸强度下的酸浓度,从而测定出固体酸表面的酸分布。这种方法的优点是简单、直观;缺点是不能辨别出催化剂酸中心是 L 酸还是 B 酸,不能用来测量颜色较深的催化剂。

(2)气相碱性物质吸附法。碱性气体分子在酸中心上吸附时,酸中心酸强度愈强,分子吸附愈牢,吸附热愈大,分子愈不容易脱附。根据吸附热的变化,或根据脱附时所需温度的高低可以测定出酸中心的强度。固体酸表面吸附的碱性气体量就相当于固体酸表面的酸中心数。根据上述原理常用的测定方法有如下几种:

1)碱吸附量热法:酸与碱反应时会放出中和热,中和热的大小与酸强度成正比。Aurauxs 首先用此法测定了几种沸石的酸强度(图 2.2)。

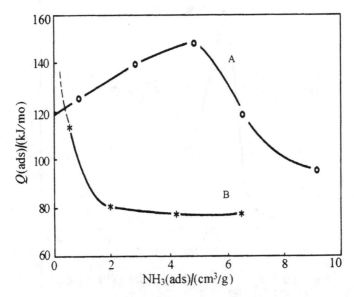

图 2.2　423K 时 NH₃ 吸附在 HZSM-5(A)和
NaZSM-5(B)上的中和热曲线

如图 2.2 所示,NH₃ 吸附在 HZSM-5 沸石上的中和热大于 NaZSM-5 沸石,这表明 HZSM-5 沸石上存在较强酸中心。这种方法的缺点是不能区别 B 酸和 L 酸中心,测定时需要较长的平衡时间,最初加入的 NH₃ 受空间位阻及酸中心可抵达性等因素的影响,可能没有与最强酸中心作用,而是与易抵达的弱酸中心作用,继续加入 NH₃ 才能到达较难抵达的强酸中心,因此给酸强度测定带来一些麻烦。

2)碱脱附-TPD法:吸附的碱性物质与不同酸强度中心作用时有不同的结合力,当催化剂吸附碱性物质达到饱和后,进行程序升温脱附(TPD)。吸附在弱酸中心的碱性物质分子可在较低温度下脱附,而吸附在强酸中心的碱性物质分子则需要在较高的温度下才能脱附,还可得到不同温度下脱附出的碱性物质量,它们代表不同酸强度下的酸浓度。因此,该法可同时测定出固体酸催化剂的表面酸强度和酸浓度。常用的碱性分子为 NH_3(NH₃-TPD谱图如图 2.3 所示),也可用正丁胺,后者碱性强于前者。虽然目前 NH_3-TPD法已成为一种简单快速表征固体酸性质的方法,但也有局限性:不能区分 B 酸或 L 酸中心上脱附的 NH_3,以及从非酸位(如硅沸石)脱附的 NH_3;对于具有微孔结构的沸石,在沸石孔道及空腔中的吸附中心上进行 NH_3 脱附时,由于扩散限制,要在较高温度下才能进行。

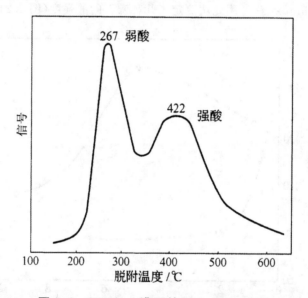

图 2.3　HZSM-5 沸石的 NH₃-TPD 谱图

3)吸附碱的红外光谱(IR)法:红外光谱可直接测定酸性固体物质中的O—H 键振动频率;O—H 键越弱、振动频率越低,酸强度越高。

固体酸吸附吡啶的红外光谱可测定 B 酸和 L 酸。吡啶与 B 酸形成吡啶鎓离子,而与 L 酸形成配位键。红外光谱上 $1540cm^{-1}$ 峰是吸附在 B 酸中心上的吡啶特征吸收峰,$1450cm^{-1}$ 峰是吸附在 L 酸中心上的特征峰,$1490cm^{-1}$,是两种酸中心的总和峰。同样 NH_3 吸附在 B 酸中心的红外光谱特征峰为 $3120cm^{-1}$ 和 $1450cm^{-1}$,而吸附在 L 酸中心的红外光谱特征峰为 3330cm^{-1}和 1640cm^{-1},如图 2.4 所示。

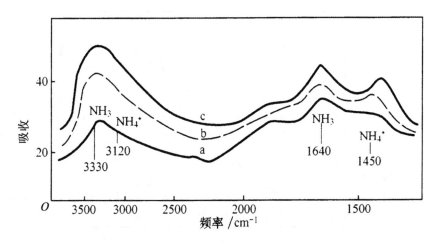

图 2.4　NH$_3$ 在硅铝胶上的红外吸附光谱

　　吡啶(或 NH$_3$)-红外光谱法不但能区分 B 酸和 L 酸,而且可由特征谱带的强度(面积)得到有关酸中心数目的信息。还可由吸附吡啶脱附温度的高低,定性检测出酸中心的强弱。

　　除上述方法外,也可采用 HMASNMR 测定羟基酸性,脉冲色谱法、分光光度法等测定固体酸性质。

2.3.2　固体表面碱性的测定

　　与酸强度定义相似,同样也可以给出碱强度的定义:

　　对于指示剂 AH 和固体碱 B 的反应为

$$AH+B=A^-+BH^+$$

式中,B 的碱强度 H_0 可用方程表示:

$$H_0 = pK_a + lg[A^-]/[AH] \tag{2.6}$$

其中,[AH]是指示剂的酸式浓度,[A$^-$]是碱式浓度。同样对于稀溶液而言,lg[A$^-$]/[AH]=0,因此碱强度 H_0=pK_a。

　　以上的事实表明,固体表面的碱性也能用测定酸的 Hammett 指示剂进行测定。这就是说,强度函数 H_0 已成为测定表面酸强度和碱强度的统一尺度。这样,对于每种固体催化剂,都可以获得由强度 H_0 为横坐标和表面酸度以及碱度为纵坐标的酸-碱强度分布曲线,如图 2.5 所示。

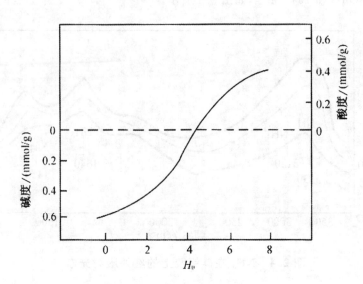

图 2.5 以 H_0 为统一尺度的固体表面的酸度和碱度

测定固体表面碱性的方法与前面介绍的测定酸性的方法非常类似。如测定酸性时使用带碱性的指示剂或探针分子,测定碱性时则使用带酸性的指示剂或探针分子;测量酸分布或总酸量可以使用正丁胺-指示剂,苯甲酸-指示剂法也可以用来测定碱量分布或总碱量。测定碱性的指示剂见表 2.8。具体的测量方法在这里不再详细叙述。

表 2.8 测定固体表面碱强度的酸性指示剂

指示剂	颜色		pK_a
	酸性	碱性	
溴里百酚兰	黄	绿	＋7.2
2,4,6-三硝基苯胺	黄	红—橙	＋12.2
2,4-二硝基苯胺	黄	紫	＋15.0
4-氯-2-硝基苯胺	黄	橙	＋17.2
4-硝基苯胺	黄	橙	＋18.4
4-氯苯胺	无	桃红	＋26.5

2.4　酸碱催化作用及其催化机理

酸碱催化分均相催化和多相催化两种。均相酸碱催化研究得比较成熟,已总结出一些规律,多相酸碱催化近年来发展较快,也得到某些规律,反映出人们对酸碱催化机理已有较明确的认识。本文主要介绍均相酸碱催化。

2.4.1　均相酸碱催化

在水溶液中 H^+、OH^-、未解离的酸碱分子、B 酸、B 碱都可作为催化剂来催化一些反应。通常把在水溶液中只有 H^+(H_3^+O)或 OH^- 起催化作用,其他离子或分子无显著催化作用的过程称为特殊酸催化或特殊碱催化。如果催化过程是由 B 酸或 B 碱进行的,则称为 B 酸催化或 B 碱催化。下面以特殊酸碱催化为例来说明均相酸碱催化。

由 H^+ 进行催化反应的特殊酸催化通式为

$$A+H^+ \longrightarrow 产物+H^+$$

式中,A 为反应物,反应速率为

$$\frac{-d[A]}{dt}=k_{H^+}[H^+][A] \tag{2.7}$$

由于反应过程中不消耗 H^+,可把 $[H^+]$ 当作常数并入 k_{H^+} 中,于是式(2.7)变为

$$-\frac{d[A]}{dt}=k_表[A]$$

$k_表$ 称为假一级速率常数,$k_表$ 与 H^+ 浓度呈线性关系:

$$k_表=k_{H^+}[H^+] \tag{2.8}$$

将式(2.8)取对数得

$$\lg k_表=\lg k_{H^+}+\lg[H^+]$$

或者

$$\lg k_表=\lg k_{H^+}-pH$$

将 $\lg k_表$ 对 pH 作图得到一条直线,如图 2.6 所示,直线斜率等于 -1,截距为 $\lg k_{H^+}$。因此,可通过在不同 pH 的溶液中进行酸催化反应,测得相应的 $k_表$,并用上述方法测得 k_{H^+}。k_{H^+} 为某种催化剂的催化系数,表示这种催化剂催化活性的大小。k_{H^+} 大,酸催化活性大;相反,k_{H^+} 小,活性

也小。催化系数主要取决于催化剂自身的性质。由上述讨论还可以看出,酸催化反应速率与催化剂的酸强度 pH 和酸浓度[H^+]也有关,即酸强度越强(pH 越小),给出质子能力越强,反应活性越高;酸中心浓度越大,反应活性也越高。

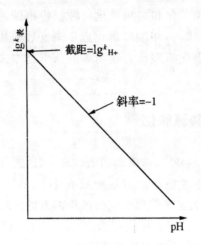

图 2.6　特殊酸碱催化的 $\lg k_{表}^k$-pH 图

例如,用 H_2SO_4 催化醇脱水生成烯烃是特殊酸催化反应,反应中醇分子的羟基氧原子上含有孤对电子,可与质子结合形成锌盐,此时氧原子上带有正电荷,从而变为强吸电子基,使键离解。脱水过程如下:

$$
\begin{array}{c}
\underset{\substack{|\\H\ \ OH}}{-\overset{|}{C}-\overset{|}{C}-} \xrightleftharpoons[\text{快}]{+H^+} \underset{\substack{|\\H\ \ \overset{+}{O}H_2}}{-\overset{|}{C}-\overset{|}{C}-} \xrightleftharpoons[\text{慢}]{-H_2O} \underset{\substack{|\\H}}{-\overset{|}{C}-\overset{+}{C}-} \xrightleftharpoons[\text{快}]{-H^+} -\overset{|}{C}=\overset{|}{C}-
\end{array}
$$

醇　　　　锌盐($R\overset{+}{O}H_2$)　　　　正碳离子　　　　烯烃

反应第一步是快速生成质子化的醇-盐;第二步是盐缓慢解离为碳正离子;第三步是 H^+ 快速从碳正离子中脱离,生成烯烃。第二步碳正离子生成是速率控制步骤。

由于醇脱水的速率控制步骤为碳正离子生成,碳正离子生成速率又取决于它的稳定性。在有机化学中已经指出正碳离子的稳定顺序为

叔碳离子＞仲碳离子＞伯碳离子

因此叔醇的脱水速率最快。

又如,双丙酮醇解离生成丙酮反应是特殊碱催化反应,其反应过程为

$$CH_3-\overset{\underset{\displaystyle |}{OH}}{\underset{\displaystyle CH_3}{C}}-CH_2-\overset{\underset{\displaystyle }{O}}{C}-CH_3 + OH^- \underset{-H_2O}{\overset{快}{\rightleftharpoons}} CH_3-\overset{\underset{\displaystyle |}{O^-}}{\underset{\displaystyle CH_3}{C}}-CH_2-\overset{O}{C}-CH_3 \xrightarrow{慢}$$

$$CH_3-\overset{O}{C}-CH_3 + {}^-CH_2-\overset{O}{C}-CH_3 \xrightarrow[H_2O]{快} CH_3-\overset{O}{C}-CH_3 + OH^-$$

反应第一步是 OH⁻ 从羟基中快速夺取一个 H⁺ 生成水,同时生成一个阴离子中间物种;第二步是中间物种解离为一个丙酮分子和一个碳负离子,这步是速率控制步骤;第三步是碳负离子快速从水中获得 H⁺,生成丙酮并再生出 OH⁻。

有时催化剂上同时具有 B 酸和 B 碱,二者同时作用,这种催化剂可产生酸碱协同催化作用。人们曾发现在 0.05mol/L 的 α-羟基吡啶酮溶液中,吡喃型葡萄糖两种异构体旋光转化速率比相同浓度的苯酚和吡啶混合溶液中快 7000 倍。其原因可能是酸碱协同催化的结果。通常酶催化具有特别高的效率,也可能是酸碱协同作用的结果。

2.4.2　均相酸碱催化机理

由上述实例的反应机理可以看出,均相酸碱催化主要是按照离子型的机理进行的,反应过程中酸碱催化剂首先与反应物生成中间体(碳正离子或者碳负离子),接着中间体逐步分解或者与另一种反应物相互作用,在生成一定产物的同时又释放出催化剂(H^+ 或 OH^-),从而构成了酸碱的催化循环。此催化过程中,质子转移是主要的环节。因此有关质子转移的反应都可以采用酸碱催化剂进行催化,如常见的水合反应、脱水反应、酯化反应、水解反应、烷基化反应以及脱烷基反应等。

在上述反应的机理中,质子的转移相当迅速。由于质子不带电子,因此它不存在电子结构或者几何结构的影响,因此在反应过程中不受空间运动的限制,更加容易在合适的位置进攻反应分子。质子作为一个正电荷,它不存在电子壳层,其半径为其他阳离子的 $1/10^5$。质子与反应物分子相互靠近时,也不会发生电子云之间的相互排斥,容易与靠近它的分子发生极化,非常有利于旧键的断裂与新键的形成。

2.5 分子筛催化剂

2.5.1 分子筛的分类

按分子筛的发展历史及 Si/Al 比高低划分,主要类型见表 2.9。分子筛还可按照孔径大小分类,如微孔、小孔、中孔、介孔(2～50nm)。

表 2.9　分子筛的分类

Si/Al	举例	热稳定性	亲水性	酸强度
1～1.5	A,X	≤700℃	亲水	弱
2～5	M	渐高	渐弱	渐强
10～100	ZSM-5	渐高	渐弱	强
∞	硅沸石	1300℃	憎水	弱
磷铝分子筛	APO,SAPO	600～1200℃	中等亲水	弱,中强
介孔分子筛	SBA-15,MCM-41			弱

若干沸石分子筛的化学式见表 2.10。

表 2.10　若干沸石分子筛的化学式

名称	化学式
A	$1.0(\pm)0.2Na_2O \cdot Al_2O_3 \cdot 1.85(\pm)0.5SiO_2 \cdot (0\sim6)H_2O$
M	$1.0(\pm)0.1K_2O \cdot Al_2O_3 \cdot 2.0(\pm)0.1SiO_2 \cdot xH_2O$
X	$1.0(\pm)0.2Na_2O \cdot Al_2O_3 \cdot 2.5(\pm)0.5SiO_2 \cdot (0\sim8)H_2O$
Y	$0.9(\pm)0.2Na_2O \cdot Al_2O_3 \cdot (3\sim6)SiO_2 \cdot (0\sim9)H_2O$
ZSM-5	$0.8(\pm)1.0Na_2O \cdot Al_2O_3 \cdot (20\sim60)SiO_2 \cdot xH_2O$

2.5.2 分子筛的合成

传统的分子筛合成技术是在合成化学创始人 Barrer 在水热合成法的

基础上发展起来的,一般而言,大多数的分子筛都是在非平衡状态下生成的亚稳相。因此,其合成步骤虽然简单,但是由于①过渡胶态相的生成;②亚稳相的转化;③反应物溶解速度的影响;④核晶的敏感性等,从而导致合成化学变得更加复杂。

沸石分子筛一般由含 Al_2O_3、SiO_2 和碱的凝胶状混合物在反应罐中,一定温度($100\sim200℃$)下,晶化一定时间制得。常用的硅源为水玻璃、硅溶胶、硅胶、正硅酸脂或有机硅。常用的铝源为铝酸钠、硫酸铝、水合氧化铝等。碱包括有机碱或无机碱。有机碱如四甲基铵盐{$TMA^+[N(CH_3)_4]^+$},四乙基铵盐(TEA^+)、四丙基铵盐(TPA^+)及四丁基铵盐(TBA^+)等,传统的沸石分子筛一般在 $pH>12$ 的强碱性介质中结晶。

磷铝分子筛(APO-n,n 代表结构型号)的合成步骤类似于沸石分子筛,铝源多采用活性水合氧化铝,磷源多采用磷酸。并以有机胺作模板剂,磷铝分子筛可以在弱酸性、中性或弱碱性介质中结晶。

大多数介孔材料都是采用水热法合成,如 MCM-41 系列分子筛是以长链烷基三甲基季铵盐[$C_nH_{2n+1}N^+(CH_3)_3X^-$,$n=8\sim22$,$X=Cl$、Br 或 OH]阳离子型表面活性剂($S^+$)为模板剂,在水热合成条件下($>100℃$),于碱性介质中通过正硅酸乙酯(TEOS)等水解产生的硅物种(I^-),在“$S+I^-$”静电作用下的超分子组装过程合成。

沸石的成晶与盐的沉淀过程类似,但晶化速度相当慢,这是由于沸石晶体并非离子型,而是共价型晶体,在晶化条件下液相过饱和是形成晶体的必要条件。

2.5.3　分子筛的性质

分子筛早期被用于择形吸附,20 世纪 60 年代人们开始研究它的催化作用。人们对分子筛结构、物理化学性质的大量研究,以及人工合成大孔分子筛技术的进步,使分子筛在催化裂解、加氢裂解、催化重整、芳烃及烷烃异构化、烯烃聚合、烷基化等方面,都表现出优异的性能。多相催化过程通常考虑催化剂的三个性能指标:活性、选择性、稳定性,就分子筛来说,现在可以做到系统地对分子筛的性能进行调节。

2.5.3.1　分子筛的物理性质

沸石分子筛最突出的特点就在于它具有选择吸附、离子交换和催化的三大特性。由于分子筛内部具有强大的库仑场和极性,而晶穴的大小是固定的,且不可能使其中的流体分子避开场的作用,所以当分子筛脱水后,气体分子的液化趋势就会增强,对于烃类和极性小的吸附质来说,当温度较低时,有迫使其强烈吸附和成为准液态的趋势。也就是说,分子筛在作为吸附剂时不仅有筛分分子的作用,而且与其他吸附剂比较而言,沸石分子筛即使在较高的温度和较低的吸附质分压下,仍有较高的吸附容量。

流体分子在分子筛上的吸附速度较快,吸附过程主要由晶体内扩散控制,可以用费克(Fick)定律表示:

$$\frac{a_t - a_0}{a_\infty - a_0} = k\sqrt{t}$$

式中:a_0、a_t 和 a_∞ 筛子分别为时间 0、t 和无穷大时的吸附量;k 为与吸附剂颗粒尺寸、扩散系数等有关的常数。

一些简单气体的实验扩散系数随其分子直径的增大而减小。一般来说,沸石中阳离子密度增加,吸附速度减小。

通常沸石的孔径尺寸决定了可以进入晶穴的分子的大小,但孔径大小也不是唯一影响吸附的因素,含有极性基团如羟基、羰基、氨基,或含可极化基团如碳碳双键、苯基的分子等,能与沸石表面发生强烈作用而极易吸附。这是因为沸石本身就是由阳离子和带负电的硅铝骨架构成的极性物质,其中阳离子给出一个强的局部正电场,吸引极性分子的负极中心,或是通过静电诱导使可极化的分子极化,所以说极性越大或越易被极化的物质(不饱和度越大),越容易被分子筛吸附。水是极性很大的小分子,沸石分子筛对水的亲合力大,即使在较低的水分压、较高温度、较大的流体线速度下仍有较好的吸水性,使用范围较宽。

流体分子在沸石分子筛上的吸附等温线基本上是符合 Langmuir 曲线的,这种吸附基本上都是由范德华力引起,不牵涉电子转移、原子重排或化学键断裂与生成的物理吸附,其间放出的热称为吸附热。因为吸附热与吸附能力有关,所以也常被用来评价吸附质和分子筛间的作用力的强弱。

人们知道影响吸附能力的主要因素一定包括温度和压力。结合经验可知,温度越高吸附量越小,压力越大吸附量越大,吸附量随压力增加的幅度与吸附质和吸附剂的性质有关。对于沸石分子筛,影响其吸附能力的因素还有一点非常重要,那就是分子筛的活化再生过程。用分子筛作吸附剂时,首先需要加热脱水活化,在反复使用时也需要加热脱附再生。合适的活化再生条件是其良好吸附性能的重要保证。

2.5.3.2　分子筛的离子交换性质

从上述的分子筛基本性能可知,分子筛的骨架结构对其孔道大小、表面积等起着决定性作用,其阳离子对其基本物理性质的影响是次要的。而在此要着重提的一点是分子筛的可逆离子交换性能,凭借这种性能可以调节分子筛晶体内的电场、表面酸度,从而改变分子筛的性能,调变其吸附和催化特性。这种性能对现代新型结构分子筛的合成,特别是修饰改性方面起着重要作用。

进行离子交换时的介质可以是溶液、熔盐、蒸气等,交换的难易程度取决于钠离子原来所处位置的能量,空间位阻及阳离子的电荷数、半径大小等等,这些可以用离子交换选择性来表征。

2.5.3.3　分子筛的活性中心理论

在讲述酸碱催化剂和催化作用时将提到,分子筛是固体酸催化剂中的一个大类。影响其催化活性的因素有:分子筛的类型(硅铝比、含水量等)、分子筛中阳离子类型、阳离子在晶格中的落位、分子筛活化条件、反应条件等。和硅铝催化剂相比,沸石分子筛催化剂对烃类裂解的活性高得多,许多研究表明,从反应机理看沸石分子筛催化的许多反应,也是通过正碳离子机理进行反应的,而且沸石的单价阳离子被多价阳离子取代后,显示出了优越的正碳离子活性。所以根据以上这种特点,由晶体沸石结构中阳离子的存在有人提出了静电场中心的观点,建立了最早的静电场极化活性模型。这种观点认为多价阳离子在沸石结构中是不对称分布的,这样一来,沸石分子筛表面的多价阳离子中心同负电荷中心间形成了静电场,其强度与阳离子种类、所处的位置以及沸石的硅铝比有关。静电场强度越大,使吸附于其上的烃类分子极化的能力越大。

2.5.3.4　分子筛酸位的形成理论

根据理论推断和实验结果,可以将分子筛酸位的形成归纳为以下几点:

(1)氢型分子筛上的羟基显酸性中心。一般的分子筛不采用强酸酸化,而是离子交换为 NH_4^+ 型,经离子交换后的 NH_4^+-Y 分子筛在热处理后于 650K 左右释放出氨气,于更高的 770~820K 释放出水分。加热脱氨后,3450cm^{-1} 到 3000cm^{-1} 以及接近 1450cm^{-1} 的谱线消失,代之以 3740cm^{-1}、3650cm^{-1} 及 3550cm^{-1} 谱线,这就分别印证了 NH_4^+ 的消失和表面不同部位上羟基的生成。随着温度的进一步升高,新出现的谱线也随脱水而消失。

(2)骨架外的铝离子等三价离子或不饱和的四价离子会强化酸位,形成 Lewis 酸位中心在上述的氨型分子筛变化过程中,含有三配位铝的结构是不稳定的,易从中脱出,而以 $(AlO)^+$ 或 $(AlO)_p^+$ 阳离子形式存在于孔隙中。这种骨架外的铝离子易形成 Lewis 酸中心,当它与羟基酸位中心相互作用时,可使之强化。这种影响已经为许多实验所证实。

（3）多价阳离子也可能产生羟基酸位中心。类似于 Ca^{2+}、Mg^{2+}、La^{3+} 等的多价阳离子经交换后可以显示酸性中心，如 $[Ca(OH_2)]^{2+} \longrightarrow [Ca(OH)]^+ + H^+$。

另外，过渡金属离子还原后也可形成酸位中心，其簇状物存在时，可促使氢分子与质子之间的转化。

2.5.3.5　分子筛阳离子催化性能理论

从分子筛活性中心理论的发展上看，阳离子必然是影响催化剂性能的重要因素之一。合成沸石分子筛的阳离子最普遍的是一价的钠离子，通常认为一价阳离子在沸石中完全中和了负电荷中心，其在沸石中的能量是均一的；而且采用 IR 测定被吡啶吸附的一价阳离子沸石时，没有检测到酸性中心的存在。因此，一价金属阳离子分子筛在按照正碳离子机理进行的反应中一般没有催化活性，如烃类在 NaX 上的裂解反应和热分解类似，属于自由基反应。这些一价金属阳离子分子筛可被用于希望抑制正碳离子型反应的体系中。通常在正碳离子型反应中，多价阳离子较一价阳离子型沸石催化性能为优，对碱土/稀土金属离子沸石分子筛，还遵循催化活性随阳离子半径增大而降低的规律。以上提到的一价阳离子不包括 H^+，氢型和脱阳离子分子筛都具有较高的正碳离子型活性，但一般稳定性较差。

2.5.4　分子筛的催化性能

分子筛的催化活性有赖于表面酸性 OH 基团（B 酸）及其脱水而生成的 L 酸中心。这些酸中心绝大部分位于分子筛的孔腔内。由于孔道结构与酸中心的联合作用，形成了分子筛规整结构所特有的择形催化。若用适当的金属离子同晶交换，可形成多功能催化剂。

2.5.4.1　沸石分子筛作催化剂的优越性能

（1）沸石具有晶体结构，较高的化学及热稳定性，使催化剂的制备及活性易于重复。

（2）沸石的离子交换性能，使其具有可控制及逐渐变化的性能。

（3）沸石具有分子大小的微孔，可以对分子进行筛分及选择，即具有"筛子"作用。

（4）具有高活性及独特的选择性，即具有择形催化作用。

（5）对含 S 化合物具有高的抗毒能力。

（6）可保留高度分散的金属离子于沸石孔腔中，形成优良的双功能催化剂。

（7）在固体中引入非常强的酸位,而不会导致材料腐蚀。

2.5.4.2　B 酸及 L 酸的产生

（1）质子酸（B 酸）的产生。质子酸可由有机胺及无机铵热分解或阳离子水解产生。

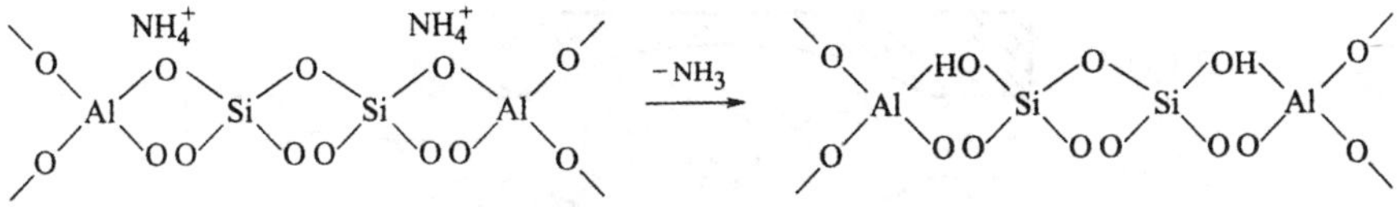

$$M^{2+}(H_2O) \longrightarrow (MOH)^+ + H^+$$
$$M(OH)^+ + M^{2+} \longrightarrow M^+ - O - M^+ + H^+$$

分子筛中只有桥羟基 Si-OH(Al)才具有酸性,端羟基 Si-OH 不具有酸性。

（2）路易斯酸（L 酸）的产生过程如下:

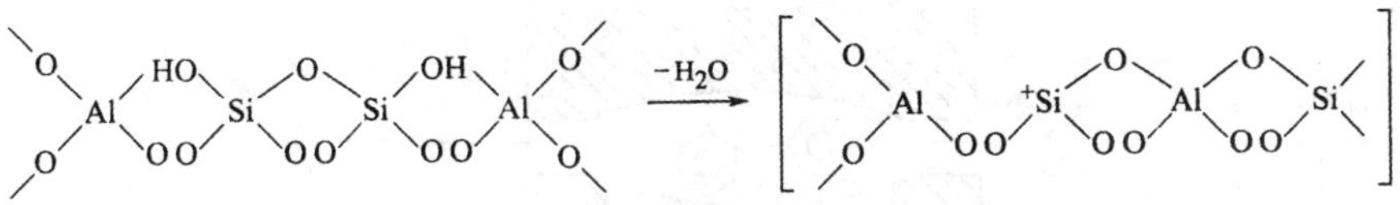

2.5.4.3　分子筛的择形催化选择性

几乎所有的微孔沸石分子筛在化学工业中的成功应用可以归结于微孔的存在,正是因为这些纳米尺度的微孔,导致分子筛具有择形催化性能。在非均相催化反应中,分子筛微孔尺度上的多样性,使得各种各样的反应物、中间体、产物分子可以在分子筛孔道中选择性地被分离、吸收、排出,最终起到对特定反应的催化作用。此外,择形催化之所以能够发生,是因为特定空间排列的择形空隙位于微孔中的酸性活性位上,也就是说沸石分子筛中的微孔起两方面作用:第一,提供反应活性位;第二,提供反应物、中间产物、目标产物分子流通的孔道。图 2.7 为分子筛择形催化的示意图。

（1）对反应物的择形催化。反应混合物中的分子,只有直径小于分子筛内孔径的分子才能进入分子筛孔道内,在催化剂内表面酸性部位进行催化反应,反应物的择形催化在炼油工业中已获得多方面的应用,如油品分子筛脱蜡、重油加氢裂化等。

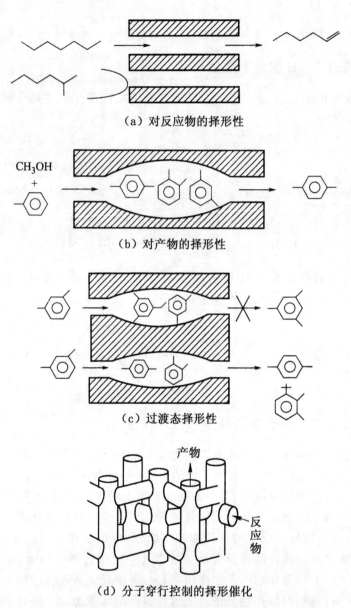

（a）对反应物的择形性

（b）对产物的择形性

（c）过渡态择形性

（d）分子穿行控制的择形催化

图 2.7　分子筛择形催化示意图

　　（2）对产物的择形催化。催化产物混合物中的某些分子过大，难以从分子筛催化剂的内孔中扩散出来，这些未扩散出来的大分子或者异构成线度较小的异构体扩散出来，或者裂解成较小的分子，乃至不断地裂解，脱氢，最终以炭的形式沉积于孔内和孔口，导致催化剂失活。

（3）过渡态限制的择形催化。某些反应需要比较大的空间，才能形成相应的过渡状态，这就构成了限制过渡态的择形催化。

（4）分子交通控制的择形催化。在具有两种不同形状和大小孔道的分子筛中，反应物分子可以很容易地通过一种孔道进入催化剂的活性部位，进行催化反应，而产物分子则从另一孔道扩散出去，尽可能减少逆扩散，从而增大反应速率。这种催化在炼油工艺和石油化工中也有广泛的应用。

2.6　超强酸与超强碱

2.6.1　超强酸的基本概念

超强酸是指强度比 100% 硫酸还强的酸。因为 100% 硫酸的 Hammett 酸函数 H_0 为 -11.93，所以，具有 $H_0 < -11.93$ 酸强度的酸就是超强酸。

超强酸和通常的酸一样，有 Brönsted 型和 Lewis 型，把质子给予碱 B: 的 HA 就是超强 Brönsted 酸，而从碱 B: 接受电子对的 A 就是超强 Lewis 酸。

按状态分，常见的有液体超强酸和固体超强酸。

还有一种称呼叫魔术酸。它在室温下能溶解含有饱和碳氢化合物的蜡烛，它的酸强度 $H_0 < -20$。如 $SbF_5\text{-}HSO_3F$，其酸强度是 100% 硫酸的 10^8 倍。

表 2.11 列出了部分液体超强酸及其强度。

表 2.11　部分液体超强酸及其强度

超强酸	H_0	超强酸	H_0
H_2SO_4	-11.93	$FSO_3H\text{-}SbF_5(1:0.1)$	-18.94
$H_2SO_4\text{-}SO_3(1:0.2)$	-13.41	$FSO_3H\text{-}SbF_5\text{-}3SO_3(1:0.07)$	-19.35
$HF\text{-}NbF5(1:0.008)$	-13.5	$FSO_3H\text{-}SbF_5(1:0.2)$	-20
$HF\text{-}SbF5(1:0.06)$	-14.3	$HF\text{-}SbF5$	-20.3
FSO_3H	-15.07		

注　括号内是物质的量之比。

超强酸酸强度的测定方法与普通酸类似，常用指示剂见表 2.12。

表 2.12 测定超强酸酸强度的指示剂及其 pK_a 值

指示剂	pK_a	指示剂	pK_a
对-硝基甲苯	-11.35	2,4,6-三硝基甲苯	-15.60
硝基苯	-12.14	(2,4-二硝基氟苯)H^+	-17.35
对-硝基氯苯	-12.70	(对-甲氧基苯甲醛)H^+	-19.5

固体超强酸随着吸附空气中的水分子而变弱。因此,在进行测定时,需要在真空中的封闭器中进行,在固体样品接触到指示剂的蒸汽之后,观察样品颜色的变化。在溶剂中用指示剂法测定超强酸强度时,苯等有机溶剂往往由于与超强酸起反应而很快带色,所以不能进行测量。可在无机溶剂硫酰氯中进行测定。

酸种类的测定也可用吡啶吸附红外光谱法。

将表 2.11 中的液体超强酸负载后可制成固型化超强酸,部分固型化超强酸的种类见表 2.13。

表 2.13 部分固型化超强酸

负载物	载体
SbF_5	SiO_2-Al_2O_3、SiO_2-TiO_2、SiO_2-ZrO_2
SbF_5、BF_5	石墨
氟化磺酸树脂(Nation-H)	
SbF_5-CF_3SO_3、HF-Al_2O_3、KF-Al_2O_3/木炭	

2.6.2 超强酸的性质和结构

2.6.2.1 超强酸的性质

液体超强酸 SbF_5-FSO_3H 的一个组分 SbF_5 在室温下是非常黏稠的无色液体,而另一组分 FSO_3H 却是黏度相当低的无色液体,SbF_5 和 FSO_3H 可以任意比例混合,其混合液黏度虽然随摩尔比不同而不同,但一般来说它是流动性比较好的无色液体,与空气中的湿气反应生成白烟。

• 56 •

在室温下把 SbF_5 吸附在 SiO_2-Al_2O_3 上可制成固体超强酸 SbF_5/SiO_2-Al_2O_3。把该固体酸分别在 $50,100,200,300℃$ 温度下抽气后作为丁烯反应的催化剂使用时，发现抽气温度在 $100℃$ 以下的催化剂，在室温下有催化活性。而在 $200℃$ 以上抽气的催化剂，却几乎失去了活性。其活性下降应该与 SbF_5 的脱附有关。因此，将该固型化酸作为催化剂使用时，最理想的使用温度是 $100℃$ 以下。另外，SbF_5/SiO_2-Al_2O_3 对湿气和水分的稳定性较强。即使加水，对丁烷反应的催化活性也只降低一半。若是没有负载的 SbF_5，遇水会发生激烈反应而分解。这说明 SbF_5 被 SiO_2-Al_2O_3 吸附得很牢固。

固型化超强酸的酸强度即使最强者也不过是 100% 硫酸的几百倍左右。

2.6.2.2　超强酸的结构

吉利施皮（Gillespie）等人用 FNMR 研究了液体超强酸的性质。FSO_3H-SbF_5 溶液的结构较复杂，可认为由如下所示的平衡混合物组成。

$$HSO_3F + SbF_5 \rightleftharpoons H[SbF_5SO_3F] \tag{2.9}$$
$$12$$

$$H[SbF_5SO_3F] + HSO_3F \rightleftharpoons H_2SO_3F + [SbF_6SO_3F]^- \tag{2.10}$$
$$23$$

$$2H[SbF_5SO_3F] \rightleftharpoons H_2SO_3F^+ + [Sb_2F_{10}SO_3F]^- \tag{2.11}$$
$$4$$

$$HSO_3F \rightleftharpoons SO_3 + HF \tag{2.12}$$

$$2HF + 3SbF_5 \rightleftharpoons H[SbF_6] + H[Sb_2F_{11}] \tag{2.13}$$
$$56$$

$$3SO_3 + 2HSO_3F \rightleftharpoons HS_2O_6F + HS_3O_9F \tag{2.14}$$
$$7$$

在室温下，由于这些化合物间的变换速度快，无法区别。但在低温（$-50℃$）下，可以定量测定各种组分的浓度（见表 2.14），但仍然不能区分 1 和 3。在超强酸中主要发生式（2.9）~式（2.11）的反应，当 SbF_5 浓度低时，式（2.12）~式（2.14）反应就不重要。实际上，当 FSO_3H 与 SbF_5 的比例为 $1:0.17$ 时，在 $-67℃$ 时只能观察到式（2.9）~式（2.11）的反应，其中单体 2 和二聚体 4 的物质的量之比为 $80:20$。单体 2 和三聚体 4 的结构见图 2.8。

表 2.14　超强酸各种组分的组成

组分	2	4	6	5	7＋8	1
$HSO_3F\text{-}SbF_5$(1：0.5)	0.37	0.05	0.01	0.005	0.015	0.55
$HSO_3F\text{-}SbF_5$(1：0.8)	0.62	0.05	0.03	0.01	0.04	0.29

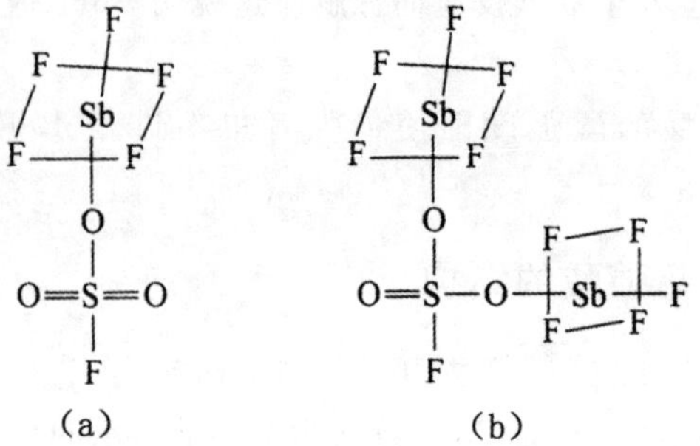

(a)　　　　　　　(b)

图 2.8　超强酸 $FSO_3H\text{-}SbF_5$ 分子结构示意图

对于固型化超强酸 $SbF_5/SiO_2\text{-}Al_2O_3$，根据其酸种类及强度可以推断其结构如图 2.9 所示。

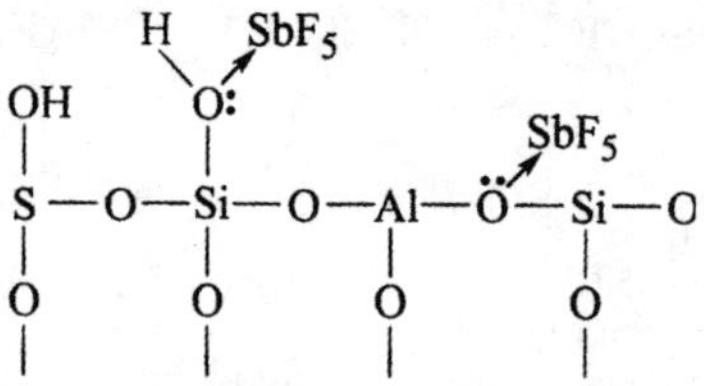

图 2.9　固型化超强酸 $SbF_5/SiO_2\text{-}Al_2O_3$ 结构示意图

2.6.3　超强酸的催化作用

超强酸可作为饱和碳氢化合物分解、缩聚、异构化、烷基化等反应的催化剂。因为它具有超强酸性，所以这些反应在室温以下就容易进行。

对于饱和碳氢化合物的活化，液体超强酸的催化作用机理不同于普通酸催化中经典的正碳离子机理，而是 H^+ 攻击 C—H 的 αD 键生成 5 配位的碳中间体。

超强酸的特点是亲电性,具有一般强酸所没有的催化性能。

2.6.3.1　脂肪族化合物反应

烷烃在超强酸提供 H^+ 作用下形成"五配位中间体",即使是 CH_4 也能被活化,逐步聚合脱氢成较大的烷烃分子:

$$CH_4 \stackrel{H^+}{\Longleftrightarrow} [CH_5^+] \Longleftrightarrow CH_3^+ + H_2$$

$$CH_3^+ + CH_4 \longrightarrow [C_2H_7^+] \Longleftrightarrow C_2H_5^+ + H_2$$

$$C_2H_5^+ + CH_4 \longrightarrow [C_3H_9^+] \Longleftrightarrow C_3H_7^+ + H_2$$

乙烷、丙烷及异丁烷都比甲烷要容易发生这类反应。

σ 键上加 H^+ 的难易顺序为:

$$第三 C—H > \quad 第二 C—H > \quad 第一 C—H$$

2.6.3.2　烷烃的 CO 化

在烷烃的 CO 化方面研究得最多的是异辛烷与 CO 的反应:

在 45min 之内、0℃下,异辛烷在 $HF\text{-}SbF_5$ 催化作用下,加 CO 后生成酮和少量酸。

2.6.3.3　酯化反应

SO_4^{2-}/ZrO_2 型固体超强酸与 SO_4^{2-}/Fe_2O_3 等超强酸相比,具有少变价、很稳定的特点,格外受到研究者的青睐。可以催化合成乙酸乙酯、甲酸乙酯和邻苯二中酸二(2-乙基)己酯(DOP)等多种酯。

2.6.3.4 降低稠油的黏性

SO_4^{2-}/ZrO_2 固体超强酸催化剂的酸强度高,能在较低温度下催化裂解烃类,可直接放入液相反应体系中,有望在井下催化改质稠油技术中得到应用。

2.6.3.5 烷基化反应

SO_4^{2-}/ZrO_2 型催化剂可催化邻二甲苯和苯乙烯的烷基化反应,反应温度低于 80℃时,生成的副产物较少;高于 100℃时,几乎无副产物生成。

2.6.3.6 加氢反应

在 $HF\text{-}TaF_5$ 的催化作用下,用很温和(50℃)的条件就能使苯加氢。

2.6.3.7 含杂原子的正碳离子的形成

超强酸很容易使含杂原子的化合物发生 H^+ 化,生成正碳离子。

$$R_1Y \xrightarrow{FSO_3H\text{-}SbF_5} [R_1YH^+] \xrightarrow{分离} R_1^+ + YH$$

$$[Y = OH, OR, CHO, COOH(R), SH(R), NR, CN, X]$$

使用超强酸催化剂的优点是反应温度低,选择好。

2.6.4 超强碱

化学化工生产过程中的许多有机反应都是以碱作为催化剂。如,烯烃的异构化反应、Michael 加成反应、缩合反应、酯化反应等。传统的碱催化反应通常采用 NaOH,KOH,KF 和碱金属醇盐等作为均相碱催化剂。但是这些均相碱催化剂存在碱液腐蚀设备、污染环境、难分离以及难重复利用等不足之处。迫切需要开发新型绿色、环保的固体碱催化材料。固体碱催化剂与液体碱催化剂相比,还具有反应条件温和、产物后处理简单、副反应少、选择性高和催化活性高等优点。碱强度超过强碱(即 $pK_a > 26$)的碱为超强碱。目前发现的固体超强碱催化剂一类为非负载型的,一般是由盐或碱经高温处理得到,主要有:碱金属氧化物、碱土金属氧化物及氢氧化物,如

CaO、SrO 等。另一类为负载型的,以 γ-Al_2O_3 为载体,经强碱溶液浸渍灼烧后添加碱金属元素,如 γ-Al_2O_3-NaOH-Na,固体超强碱的类型及制备方法见表 2.15,测定超强碱碱强度所用指示剂见表 2.16。

表 2.15　固体超强碱及制备方法

种类	原料或制备方法	预处理温度/K	pK_a
CaO	$CaCO_3$	1173	26.5
SrO	$Sr(OH)_2$	1123	26.5
MgO-NaOH	NaOH 浸渍	823	26.5
MgO-Na	Na 蒸气处理	923	35.0
Al_2O_3-Na	Na 蒸气处理	823	35.0
Al_2O_3-NaOH-Na	NaOH、Na 处理	773	37.0

表 2.16　测定超强碱碱强度的指示剂

指示剂	酸性式	碱性式	pK_a
4-氯苯胺	无色	粉红色	26.5
二苯基甲烷	无色	黄橙色	35.0
异丙苯	无色	粉红色	37.0

与固体酸相比,固体碱催化剂的研究起步较晚,超强碱催化剂的研究起步更晚。至今,已知的超强碱催化剂种类不多,成功的工业应用例子也不多。其主要原因之一是固体碱极易被极微量的水及二氧化碳等中毒失活。碱强度越高,中毒倾向越强烈,阻碍着固体碱催化剂的发展。但是固体碱催化剂的活性很高,在一些有机合成反应中呈现特异功能,因此,可应用于许多合成反应中。如 Na-NaOH/γ-Al_2O_3 固体超强碱催化合成查尔酮,收率可达 97%。Na-Na_2CO_3/γ-Al_2O_3 型固体超强碱具有很高的催化活性,可使乙烯基降冰片烯异构化为亚乙基降冰片烯,转化率及选择性均接近 100%。

2.7　酸碱催化剂的应用实例

在石油炼制和石油化工中,固体酸碱催化剂起很大作用,用固体酸碱代替液体酸碱之后在工业生产中有很多优点,下面简要介绍酸碱催化剂石油化工以及有机合成中的应用。

2.7.1 酸碱催化剂在石油化工中的应用

2.7.1.1 异构化反应

（1）直链烃转变成支链烃。常选用 Lewis 酸催化剂。Lewis 酸中心夺走了烷烃中薄弱部位上的 H^-，使烷烃变成正碳离子中间体，接着发生后续反应，如：

$$CH_3CH+CH_2R \longrightarrow \underset{R}{CH_3C}+CH_3 \xrightarrow{CH_3CH_2CH_2R} \underset{R}{CH_3CHCH_3}+CH_3CH+CH_2R$$

也可用 Brönsted 酸催化剂，因为原料中难免会存在极微量的烯烃，Brönsted 酸首先向烯烃提供 H^+，使其形成正碳离子，然后正碳离子又与烷烃发生作用夺取烷烃分子上 H^-，使烷烃形成正碳离子，接着发生异构化反应。

$$\overset{}{C}=C\overset{}{} + H^+ \longrightarrow \overset{H}{\underset{}{C}}-\overset{+}{C}$$

$$\overset{H}{\underset{}{C}}-\overset{+}{C} + RH \longrightarrow \overset{H}{\underset{}{C}}-\overset{H}{\underset{}{C}} + R^+$$

（2）芳烃异构化。芳烃异构化反应的重要应用之一是制备对二甲苯（对二甲苯是合成聚酯纤维的主要原料）。

（3）烯烃中双键移位或顺反互变。例如，用 $SiO_2\text{-}Al_2O_3$ 固体酸作催化剂，丁烯上的 π 电子结合到固体酸的 L 酸中心上（即 Al^{3+}）形成顺式的丁烯正碳离子，从而转变成高比例的顺式丁烯。反之，若丁烯与固体酸上的 B 酸中心作用则生成高比例的反式丁烯。因为反式结构比顺式稳定，所以当 B 酸中心的 H^+ 使烯烃变成正碳离子之后，分子内各键可以自由地转动，使不稳定的顺式结构变成反式结构。

$$C-C-C=C \underset{B}{\overset{L}{\rightleftharpoons}} \begin{array}{c} \overset{C}{\underset{}{C}}=C\overset{C}{} \\ \overset{C}{\underset{}{C}}=C\overset{C}{} \end{array}$$

$$C-C-C=C \xrightarrow{H^+} C-C-\overset{+}{C}-C \xrightarrow[H^+\text{移位}]{} C-\overset{+}{C}-C-C$$
$$\longrightarrow C-C=C-C$$

如果甲基位移,则生成异丁烯。

$$CH_3CH_2CH^+CH_3 \longrightarrow CH_2^+ - \overset{\overset{\displaystyle CH_3}{|}}{\underset{\underset{\displaystyle H}{|}}{C}} - CH_3 \xrightarrow{-H^+} CH_2 = \overset{\overset{\displaystyle CH_3}{|}}{C} - CH_3$$

2.7.1.2　烷基化反应

为了制备某些特殊结构的化工原料,经常要把烷基或芳基直接加到烯烃分子上,这就是烷基化反应(通过反应使碳链增长,广义地说是一种低聚过程)。在生产上为了防止发生高聚或重新分解,往往选用选择性好、活性高的催化剂、采用偏低的反应温度来完成这一特定反应,烷基化反应的反应机理仍是通过正碳离子中间体进行。

(1)脂肪烃烷基化。脂肪烃烷基化的反应条件比较温和,常在$-10\sim20℃$、液相中进行。一般选用 HF、H_2SO_4、H_3PO_4 之类的 B 酸。为了便于大规模地连续性生产,常把液体酸固载化。已有大量工作是直接引用 $SiO_2\text{-}Al_2O_3$ 及分子筛等固体酸作催化剂,使用这些催化剂时反应温度不宜过低。脂肪烃烷基化的反应机理如下:

$$CH_2=CH-CH_3+H^+ \longrightarrow CH_3-CH^+-CH_3$$
$$(CH_3)_3CH+CH_3-CH^+-CH_3 \longrightarrow (CH_3)_3C^++CH_3CH_2CH_3$$
$$(CH_3)_3C^++CH_2=CH-CH_3 \longrightarrow (CH_3)_3C-CH_2-CH^+-CH_3$$
$$(CH_3)_3C^++CH_2=CH-CH_3 \longrightarrow (CH_3)_3CH-CH_2-CH^+-CH_3$$
$$(CH_3)_3C-CH_2CH^+-CH_3+(CH_3)_3CH \longrightarrow$$
$$(CH_3)_3C-CH_2CH_2CH_3+(CH_3)_3C^+$$

要注意的是,酸催化剂同时也是烯烃聚合的催化剂,所以必须严格控制原料中烯烃的含量。要使烷烃含量远多于烯烃,这样,烯烃少了,彼此相遇的机会也少了,聚合机会也就少了。

(2)芳烃烷基化。

1)芳环烷基化。Friedel-Crafts 反应就是在酸催化剂作用下于苯环上引进烷基的反应。反应机理为:$RCH=CH_2+H^+ \longrightarrow RCH^+-CH_3$

2)芳烃的侧链上烷基化。不能用酸催化剂,而用碱催化剂,因为侧链的烷基不是多电子基,如果用酸催化剂,就会在苯环上烷基化。反应机理为:首先碱使反应物变成负碳离子,然后烯烃插入。

$$Na^+L^- + \text{（甲苯 }CH_3\text{）} \longrightarrow HL + \text{（苯 }CH_2^-\text{）} + Na^+$$

$$\text{（苯 }CH_2^-\text{）} + CH_2{=}CH_2 \longrightarrow \text{（苯 }CH_2CH_2CH_2^-\text{）}$$

$$\text{（苯 }CH_2CH_2CH_2^-\text{）} + \text{（甲苯 }CH_3\text{）} \longrightarrow \text{（苯 }CH_2CH_2CH_3\text{）} + \text{（苯 }CH_2^-\text{）}$$

此外,在石油化工中还涉及裂解反应、水合反应与脱水反应,这类反应中都会应用到酸碱催化剂,这里将不再赘述。

2.7.2 酸碱催化剂在有机合成中的应用

2.7.2.1 烯烃水合

实际使用中会遇到不少麻烦,例如,H_3PO_4 遇水溶解就失活,H_3PO_4 对设备腐蚀性大。酸强度 $H_0 > -3$ 的酸对烯烃水合反应无活性,$H_0 \leqslant -3$ 的酸才有活性。用 $H_0 \leqslant -8.2$ 的 $SiO_2 \cdot Al_2O_3$ 催化剂虽然转化率高,但选择性差(除生成乙醇外,还会产生大量聚乙烯)。一般认为,选用 $-8.2 < H_0 < -3$ 的酸催化剂为宜,其中 $TiO_2 \cdot ZnO$ 用得较多。

2.7.2.2 醇脱水

4-甲基-1-戊烯是合成萜烯的重要原料,由 4-甲基-2-戊醇合成得到。在只有 B 酸位的催化剂上,4-甲基-2-戊醇脱水往往得到较多的 4-甲基-2-戊烯,若选用同时含有 Lewis 酸、碱两种中心的催化剂则会多产 4-甲基-1-戊烯。

用 Brönsted 酸作催化剂时,醇与 Brönsted 酸中心相互作用形成水合氢离子,这种离子脱水产生正碳离子,正碳离子再脱 H^+ 生成 2-戊烯和 1-戊烯。

若固体催化剂表面上存在紧挨着的强弱相当的 Lewis 酸碱中心即酸碱中心对,彼此间不会发生干涉,可以共存。在某些特定反应需要酸碱两种中心同时起作用时,能保证反应的顺利进行。例如,ThO_2 催化醇脱水反应,醇吸附在 ThO_2 上后会同时打开 C—OH 键和 C—H 键,由于空间位阻效应,端位的碳原子优先吸附,易生成 4-甲基-1-戊烯,选择性高达 90%。

再如,ZrO_2 上,酸碱中心强度都很弱,但对 C—H 键的断裂活性很好,甚至比中强酸 SiO_2 · Al_2O_3 和强碱 MgO 活性高,说明酸碱中心对的协同作用对某些反应具有很好的活性。

2.7.2.3 烯烃异构化

$Ca(OH)_2$ 焙烧后制成 CaO 固体碱催化剂,CaO 表面上 O^{2-} 是烯烃异构化的催化活性中心。固体碱催化剂的最大缺点是 O^{2-} 容易被 CO_2 所中毒,所以使用前必须在真空中抽除 CaO 表面的 CO_2。用 CaO 作烯烃异构化催化剂要比用 SiO_2 · Al_2O_3 好几百倍。

例如,α-蒎烯制 β-蒎烯反应中常用 CaO、SrO 作催化剂,转化率达 100%。在 SrO 催化剂上,室温下 15min 内就可使反应达到平衡。

此外,苯甲醛的 Cannizzaro 反应、烷基化反应、酯化反应中也有酸碱催化剂的应用,限于篇幅,这里将不再赘述。

第3章 金属催化剂及其催化作用

金属催化剂或者金属担载型催化剂,是人们最早研究的,应用范围最广的一类催化剂,例如,氨的合成(Fe)和氧化(Pt),有机化合物的加氢(Ni,Pd,Pt)、氢解(Os,Ru,Ni)和异构化(Ir,Pt)、乙烯的氧化(Ag)、CO 加氢(Cu,Fe,Co,Ni,Ru)以及汽车尾气处理的三效催化剂(Pt,Rh)等等。金属催化剂在催化中的作用是其他催化剂无法替代的。

3.1 金属催化剂的应用及特性

3.1.1 金属催化剂的应用

所谓金属催化剂指的是催化剂中的活性成分是纯金属或者合金。通常纯金属催化剂既可单独使用,也可以负载在载体上。工业上使用最多的是金属负载性,其优点是催化效果好且不易烧结。毋庸置疑,合金催化剂就是由两种或两者以上的活性金属组成,常见的有 Ni-Cu、Pt-Re 等合金催化剂,工业上应用最多的合金催化剂是负载型催化剂。

在催化剂领域,金属催化剂的应用非常广泛,目前主要用于氧化一还原型催化反应。重要的工业金属催化剂及其反应见表 3.1。

表 3.1 重要的工业金属催化剂及催化反应示例

反应类型	主要反应	催化剂典型代表
加氢	$N_2 + 3H_2 \rightleftharpoons 2NH_3$	α-Fe-Al$_2$O$_3$-K$_2$O-CaO
	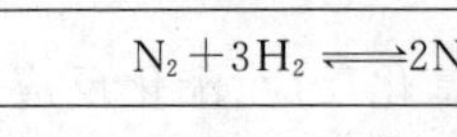 ⬡ $+3H_2 \longrightarrow$ ⬡ (环己烷)	Ni/Al$_2$O$_3$
	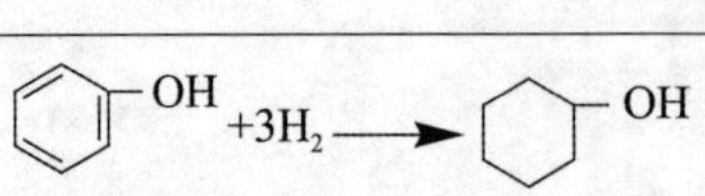 ⬡—OH $+3H_2 \longrightarrow$ ⬡—OH (环己醇)	Raney 镍

反应类型	主要反应	催化剂典型代表
加氢	$N\equiv C-(CH_2)_4-C\equiv N+4H_2 \longrightarrow$ $H_2N-(CH_2)_6-NH_2$	Raney 镍-铬
	$C=C$ （油脂）$+H_2 \rightleftharpoons$ $\underset{H\ \ H}{C-C}$	Raney 镍，Ni-Cu/硅藻土
	$CO+3H_2 \rightleftharpoons CH_4+H_2O$	Ni/Al_2O_3
制氢	$C_mH_n+mH_2O \rightleftharpoons mCO+\left(m+\dfrac{n}{2}\right)H_2$	Ni/MgO-Al_2O_3-SiO_2-K_2O
选择加氢	$R-C\equiv CH+H_2 \rightleftharpoons R-CH=CH_2$	Pd-Ag/13X
催化重整		Pt-Re/Al_2O_3
乙苯异构化		Pt/丝光沸石
氧化	$2NH_3+\dfrac{5}{2}O_2 \longrightarrow 2NO+3H_2O$	Pt-Rh 网
	$CO+\dfrac{1}{2}O_2 \rightleftharpoons CO_2$	Pt/蜂窝陶瓷
	$CH_3OH+\dfrac{1}{2}O_2 \rightleftharpoons HCHO+H_2O$	块状银，Ag(3.5%～4%)/惰性 Al_2O_3
	$C_2H_4+1/2O_2 \longrightarrow \underset{O}{CH_2-CH_2}$	Ag/刚玉
	$CH_4+NH_3+\dfrac{3}{2}O_2 \longrightarrow HCN+3H_2O$	Pt-Rh 网

从表中可以看出,金属催化剂主要用于加氢、氢解和脱氢反应,也有一部分用于异构化和氧化反应。

3.1.2 金属催化剂的特性

从上节内容可以得出,作为金属催化剂的元素多是 d 区元素,也就是说金属催化剂元素多为过渡金属元素。这些元素的外层电子排布与晶体结构的排布如表 3.2 所示,从表中可发现:这些元素的最外层有 1～2 个 s 电子,次外层有 1～10 个 d 电子(Pd 最外层无 s 电子)。从表中可以看出,除了 Pd 之外的元素的外层与次外层均未被电子所填满,具有只含一个 d 电子的 d 轨道,也就是说其能级中含有孤对电子,因而表现出较强的顺磁性或铁磁性;在化学吸附过程中,孤对电子容易与吸附物中的电子发生配对,生成表面中间物,使被吸附分子活化。

表 3.2　过渡金属元素的外层电子排布和晶体结构

周期	族					
	ⅥB	ⅦB	Ⅷ			ⅠB
4			Fe 铁	Co 钴 *	Ni 镍 *	Cu 铜
			$3d^6 4s^2$	$3d^7 4s^2$	$3d^8 4s^2$	$3d^{10} 4s^1$
			体心立方	面心立方	面心立方	面心立方
5	Mo 钼	Tc 锝	Ru 钌	Rh 铑	Pd 钯	Ag 银
	$4d^5 5s^1$	$4d^6 5s^1$	$4d^7 5s^1$	$4d^8 5s^1$	$4d^{10} 5s^0$	$4d^{10} 5s^1$
	体心立方	六方密堆	六方密堆	面心立方	面心立方	面心立方
6	W 钨	Re 铼	Os 锇	Ir 铱	Pt 铂	Au 金
	$5d^4 6s^2$	$5d^5 6s^2$	$5d^6 6s^2$	$5d^7 6s^2$	$5d^8 6s^2$	$5d^{10} 6s^1$
	体心立方	六方密堆	六方密堆	面心立方	面心立方	面心立方

　　*　Ni 和 Co 晶体结构除面心立方外还有六方密堆。

对于 Pd 和 IB 族元素(Cu、Ag、Au),d 轨道上是填满的(d^{10}),但相邻的 s 轨道却是未填满的缺电子轨道。虽然 s 轨道的能级稍高于 d 轨道的能级,但是 s 轨道与 d 轨道间还有部分重叠。因此,d 轨道上的电子能够跃迁到 s 轨道上,从而造成 d 轨道形成具有孤对电子的能级,容易发生化学吸附。

作为固体催化剂的过渡金属通常是以金属晶体的形式存在的,且金属晶体中原子的排列方式呈多种方式密堆积,从而形成了多种晶体结构,同时金属晶体表面的裸露的原子为化学吸附提供了良好的吸附中心,被吸附的分子可以同时和 1、2、3 或 4 个金属原子形成吸附键,如果包括第 2 层原子参与吸附的可能性,因此金属催化剂能够形成更多的成键格局。当这些吸附中心相互靠近时,能够促进吸附物种间的相互作用而发生反应。金属催化剂能够提供多样的高密度吸附反应中心,这也是金属催化剂表面的一大特点。金属催化剂表面吸附活性中心的多样性给催化反应带来了很多的优点,同时也有其不利的一面。由于吸附中心的多样性,使得多种竞争反应可以同时发生,因此金属催化剂的选择性大大降低。此外,过渡金属催化剂还能够将被吸附的双原子分子解离为原子,然后将原子提供给另外的反应物,参与到各种化学反应之中。

3.2　金属催化剂的结构

所谓金属催化剂的晶体结构是指金属原子在晶体中的空间分布形式与排列状况,主要包括晶格、晶格参数以及晶面花样,其中晶格是指原子在晶体中的空间排布,晶格参数是指原子之间的距离以及轴角,晶面花样是指原子在晶面上的几何排布。

3.2.1　晶格

晶体是由在空间排列得很有规律的微粒(原子、粒子、分子)组成的。对于金属,这种微粒是原子。原子在晶体中排列的空间格子(又称空间点阵)叫晶格。一般情况下,不同金属元素的晶格结构也不同;同一种金属在不同温度下形成的晶格结构也不相同。通常将晶体划分为 14 种晶格,对于金属晶体,主要有 3 种典型的晶格结构。

3.2.1.1　体心立方晶格

如图 3.1(a)所示,在正方体的中心有一个晶格点,其配位数为 8。具有这种晶格的金属单质有 Cr、V、Mo、W、γ-Fe 等。

3.2.1.2　面心立方晶格

如图 3.1(b)所示,在正方体的六个面的中心处各有一个晶格点,其配位数为 12。具有这种晶格的金属单质有 Cu、Ag、Au、Al、Fe、Ni、Co、Pt、Pd、Zr、Rh 等。

3.2.1.3　六方密堆晶格

如图 3.1(c)所示,六方棱柱体的中间有三个晶格点,其配位数为 12。具有这种晶格结构的金属单质有 Mg、Cd、Zn、Re、Ru、Os 以及大部分的镧系元素。

金属的 3 种晶体结构如图 3.1 所示。

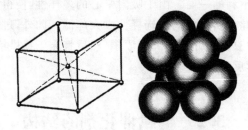

（a）体心立方晶格的晶胞及原子的堆积模型

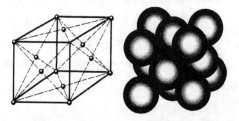

（b）面心立方晶格的晶胞及原子的堆积模型

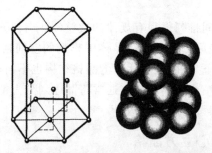

（c）六方密堆晶格的晶胞及原子的堆积模型

图 3.1　金属的 3 种晶体结构示意图

3.2.2　晶格参数

晶格参数用于表示原子之间的间距（或称轴长）及轴角大小。

3.2.2.1 立方晶格

晶轴 $a=b=c$，轴角 $\alpha=\beta=\gamma=90°$。

3.2.2.2 六方密堆晶格

晶轴 $a=b\neq c$，轴角 $\alpha=\beta=90°$，$\gamma=120°$。

金属晶体的 a、b、c 和 α、β、γ 等参数均可用 X 射线测定。

3.2.3 晶面花样

空间点阵可以从不同的方向划分为若干组平行的平面点阵，平面点阵在晶体外形上表现为晶面。晶面的符号通常用密勒指数（Miller index）表示。不同晶面的晶格参数和晶面花样不同。例如，面心立方晶体金属镍的不同晶面如图 3.2 所示。可见，金属晶体的晶面不同，原子间距和晶面花样都不相同，(100)晶面，原子间距离有两种，即 $a_1=0.351\text{nm}$，$a_2=0.248\text{nm}$，晶面花样为正方形，中心有一晶格点；(110)晶面，原子间距离也是两种，晶面花样为矩形；(111)晶面，原子间距离只有一种，$a=0.248\text{nm}$，晶面花样为正三角形。不同晶面：表现出的催化性能不同。可以通过不同制备方法，制备出有利于催化过程所需要的晶面。

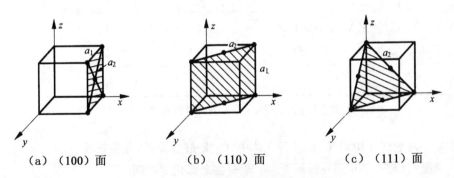

（a）（100）面　　　（b）（110）面　　　（c）（111）面

图 3.2　金属镍不同晶面的晶面花样

3.3　金属催化剂的吸附作用

如前所述，吸附是多相催化过程中重要的环节，要详细了解催化反应机理，必须掌握有关金属催化剂表面的吸附作用与金属结构的关系。

3.3.1 金属的电子组态与气体吸附能力间的关系

通过研究常见气体在许多金属上的吸附,可以发现气体的化学吸附强度有以下次序:$O_2 > C_2H_2 > C_2H_4 > CO > H_2 > CO_2 > N_2$。

金属的吸附能力取决于金属和气体分子的结构以及吸附条件。把各种金属,在 0℃时对上述气体的吸附能力分为七大类,可以得到表 3.3。

表 3.3 部分金属对气体的化学吸附能力

分类	金属	气体						
		O_2	C_2H_2	C_2H_4	CO	H_2	CO_2	N_2
A	Ca,Sr,Ba,Ti,Zr,Hf,V,Nb,Ta,Mo,Cr,W,Fe,(Re)	○	○	○	○	○	○	○
B	Ni(Co)	○	○	○	○	○	○	×
C	Rh,Pd,Pt,(Ir)	○	○	○	○	○	×	×
D	Al,Mn,Cu,Au	○	○	○	○	○	×	×
E	K	○	○	×	×	×	×	×
F	Mg,Ag,Zn,Cd,In,Si,Ge,Sn,Pb,Sb,Bi	○	×	×	×	×	×	×
G	Se,Te	×	×	×	×	×	×	×

注 ○表示可以被金属化学吸附;×表示不可以被金属化学吸附。

从表 3.3 中可见,在各种气体中,O_2 是最活泼的,几乎被所有的金属化学吸附(唯有 Au 例外),而 N_2 只被 A 类金属化学吸附。

分析各类元素的外层电子结构,可以得到以下规律:

(1)A、B 和 C 类对表 3.3 中气体有较强的吸附能力。其中,A 类金属能吸附表中所列的所有气体,其所处的位置排列在元素周期表的ⅣA、ⅤA、ⅥA 和Ⅷ族;吸附能力其次的 B 和 C 类金属为Ⅷ族,这些金属都是过渡金属。因此,强化学吸附能力与过渡金属的特性有关,这就是过渡金属最外层电子层中都具有 d 空轨道或不成对 d 电子,容易与气体分子形成化学吸附键,吸附活化能小,能吸附大部分气体。需要解释的是,N_2 只被 A 类金属化学吸附,而不被 B 和 C 类金属化学吸附,原因是 N_2 以原子形式化学吸附的高价数或 N_2 分子的高离解能要求金属原子外层 d 轨道有 3 个以上的空位,只有 A 类金属能满足这一点,而其他金属原子的 d 轨道没有这么多空位,其未结合 d 电子数和成键轨道数如表 3.4 所示。

表 3.4　A、B 和 C 三类元素未结合 d 电子数和成键轨道数

A 类	未结合 d 电子数	成键轨道	B,C 类	未结合 d 电子数	成键轨道
W	0	dsp	Ni	4	dsp
Ta	0	dsp	Pd	4	dsp
Mo	0	dsp	Rh	3	dsp
Ti	0	dsp	Pt	4	dsp
Zr	0	dsp	Ba	0	sp
Fe	2	dsp	Sr	0	sp
Ca	0	sp			

(2)D 类只有 Al、Mn、Cu、Au 对表 3.3 中的气体吸附能力较弱。Al($3s^2sp^1$)不属于过渡金属,外层没有 d 电子轨道,只有 s、p 电子轨道,因此化学吸附能力小,只能吸附少数气体。Mn、Cu、Au 属于过渡金属,其最外层电子排布为 $Mn3d^54s^2$、$Cu3d^{10}4s^1$ 和 $Au5d^{10}6s^1$,共同特点是都具有 d^5 或 d^{10} 的外层 d 电子结构,d 层半充满或全充满,较稳定,不易和气体分子形成化学吸附键。

(3)E、F 和 G 对表 3.3 中气体的吸附能力最差。其原因在于外层均没有 d 轨道,只能吸附少量气体分子。

可见,过渡金属的外层电子结构和 d 轨道对气体的化学吸附起决定作用,有空穴的 d 轨道金属对气体有较强的化学吸附能力,而没有 d 轨道的金属对气体几乎没有化学吸附能力,根据多相催化理论,不能与反应物气体分子形成化学吸附的金属不能作催化剂的活性组分。

3.3.2　金属催化剂的化学吸附与催化性能的关系

在催化反应中,金属催化剂首先吸附一种或者多种反应物分子,这使得后者容易在金属表面发生化学反应。金属催化剂的催化活性与催化剂吸附在催化剂表面后生成的中间体的稳定性有直接关系。通常,中等吸附强度的化学吸附态的分子会有最大的催化活性,因为太弱的吸附使反应物分子

的化学键不能松弛或断裂,不易参与反应;而太强的吸附则会因为生成稳定的中间化合物覆盖在催化剂的表面后降低反应的速率,使催化剂钝化。

金属催化剂在化学吸附过程中,反应物粒子(分子、原子或基团)和催化剂表面催化中心(吸附中心)之间伴随有电子转移或共享,使两者之间形成化学键。化学键的性质取决于金属与反应物的本性,化学吸附的状态与金属催化剂的逸出功及反应物气体的电离能有关。

3.3.2.1　金属催化剂的电子逸出功

所谓金属催化剂的电子逸出功是指将电子从金属催化剂中逸出到外界所需要做的最小的功,简单地说就是电子脱离金属表面所需的最低能量。通常用 Φ 来表示。它表示金属失去电子的难易程度。金属不同,Φ 值也不相同。表 3.5 给出了一些金属的逸出功 Φ。

表 3.5　一些金属的逸出功 Φ

金属元素	Φ/eV	金属元素	Φ/eV	金属元素	Φ/eV
Fe	4.48	Cu	4.10	W	4.80
Co	4.41	Mo	4.20	Ta	4.53
Ni	4.51	Rh	4.48	Ba	5.10
Cr	4.60	Pd	4.55	Sr	5.32

3.3.2.2　反应物分子的电离势

所谓反应物分子的电离势是指反应物分子将电子由反应物移出到外界所需要的最小的功,通常用 I 来表示。它的值代表的是反应物分子失去电子的难易程度。通常电子围绕原子核做无规则运动,当电子受到激发达到不受原子核束缚的能级时,电子有可能离核而去,从而成为自由电子。激发所需要的最小能量称之为电离能,两者的意义相同,都用 I 表示。不同反应物有不同的 I 值,可通过相关工具书查询得到。

3.3.2.3　化学吸附键和吸附状态

根据 Φ 和 I 的相对大小,可以将反应物在金属催化剂表面进行化学吸附时的电子转移情况分为以下三种。化学吸附电子转移与吸附状态如图 3.3 所示。

(1)当 $\Phi > I$ 时,电子从反应物分子向催化剂表面进行转移,反应物分子会转变为吸附在金属催化剂表面的正离子。反应物分子与催化剂活性中心吸附形成离子键,它的强弱程度取决于 Φ 和 I 的相对值,两者相差越大,离子键越强。这种正离子吸附层可以降低催化剂表面的电子逸出功。随着吸附量的增加,Φ 逐渐降低。

(2)当 $\Phi < I$ 时,电子离开金属催化剂的表面,开始转向反应物分子,使得反应物分子转变为吸附在金属催化剂表面上的负离子。反应物分子与催化剂活性中心吸附也形成离子键,它的强弱程度同样取决于 Φ 和 I 的相对值,两者之间相差越大,离子键的功能越强大。这类负离子吸附层使催化剂的电子逸出功增加。

(3)当反应物分子的电离势与金属催化剂的逸出功相近,即 $\Phi \approx I$ 时,电子难以由催化剂向反应物分子转移,或由反应物分子向催化剂转移,常常是两者各自提供一个电子而共享,形成共价键。这种吸附键通常吸附热较大,属于强吸附。实际上 Φ 和 I 不是绝对相等的,有时电子偏向于反应物分子,使其带负电,结果使金属催化剂的电子逸出功略有增加;相反,当电子偏向于催化剂时,反应物稍带正电荷,会引起金属催化剂的逸出功略有降低。

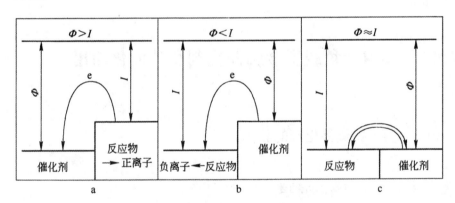

图 3.3　化学吸附电子转移与吸附状态

a—电子从反应物转移到金属,形成吸附正离子;

b—电子从金属转移到反应物,形成吸附负离子;

c—电子难转移,形成吸附共价键,强吸附

通常条件下,经过化学吸附后,金属的逸出功 Φ 会发生变化,如 O_2、H_2、N_2 以及饱和烃被吸附到金属上时,金属将电子给予被吸附的分子,在其表面上形成负电层:$Ni^+ N^-$、$Pt^+ H^-$、$W^+ O^-$ 等,使电子逸出困难,逸出功提高;而当 C_2H_4、C_2H_2、CO 及含氧、碳、氮的有机物吸附时,把电子给金属,金属表面形成正电层,使逸出功降低。

化学反应的控制步骤常常与化学吸附态有关。如果反应所控制的步骤是生成的负离子吸附态,这时要求金属表面容易给出电子,即 Φ 值要小的情况下才有利于造成这种吸附态。

对于不同反应,为达到所要求的合适的 Φ 值,可以通过向金属催化剂中加入助催化剂的方法来调变催化剂的 Φ 值,使之形成合适的化学吸附态,提高催化剂的活性和选择性。

3.3.2.4 金属催化剂化学吸附与催化活性的关系

金属催化剂的表面与反应物分子发生反应,即化学吸附时,此时一般认为有表面中间物种生成,中间物种的稳定性与催化活性有着直接的关联。通常认为,当化学吸附键为中等,也就是说中间物种的稳定性适中,这样的金属催化剂具有较高的催化活性。由于弱的化学吸附意味着催化剂对反应物的活化作用很小,因此不能产生大量的中间物种以发生催化反应;但是较强的化学吸附则会在催化剂表面形成一层稳定的钝化层,它覆盖了大部分催化剂的表面活性中心,使催化剂不能再进行化学吸附和反应。

3.4　负载型金属催化剂及其催化作用

3.4.1　金属催化剂的载体

3.4.1.1　载体的种类

载体的种类很多,可以是天然物质(如沸石、硅藻土、白土等),也可以是人工合成物质(如硅胶、活性氧化铝等)。载体的分类可以按比表面大小和酸碱性来分。

(1)按比表面积分类。

1)低比表面积载体:例如 SiC、金刚石以及沸石等,其比表面积在 $20\text{m}^2/\text{g}$ 以下。通常这类组分对所负载的活性组分的活性没有太大的影响。一般地,低比表面积载体又可以分为两种,即有孔和无孔。无孔低表面积载体如刚铝石,其比表面积在 $1\text{m}^2/\text{g}$ 以下,它的特点是硬度高、导热性良好、耐热性好,多用于热效应较大的氧化反应中;有孔低比表面积载体如沸石、SiC 粉末烧结材料、耐火砖等,比表面积可高达 $1000\text{m}^2/\text{g}$。

2)高比表面积载体:如活性炭、Al_2O_3、硅胶、硅酸铝和膨润土等,比表面积可高达 $1000m^2/g$,同样也分有孔和无孔两种。

TiO_2、Fe_2O_3、ZnO、Cr_2O_3 等是无孔高比表面积载体,这类物质常需要添加黏合剂,于高温下焙烧成型。

如表 3.6 所示,给出了部分载体的比表面积和比孔容。

表3.6 部分载体的比表面积和比孔容

载体	比表面积/(m^2/g)	比孔容/(cm^3/g)	载体	比表面积/(m^2/g)	比孔容/(cm^3/g)
活性炭	900~1100	0.3~0.2	硅藻土	2~80	0.5~6.1
硅胶	400~800	0.4~4.0	石棉	1~16	—
Al_2O_3-SiO_2	350~600	0.5~0.9	钢铝石	0.1~1	0.03~0.45
γ-Al_2O_3	100~200	0.2~0.3	金刚石	0.07~0.34	0.08
膨润土	150~280	0.3~0.5	SiC	<1	0.40
矾土	约150	约0.25	沸石	约0.04	—
MgO	30~50	0.3	耐火砖	<1	—

(2)按酸碱性分类。碱性载体:MgO,CaO,ZnO,MnO_2。两性载体:Al_2O_3,TiO_2,ThO_2,Ce_2O_3,CeO_2,CrO_3。中性载体:$MgAl_2O_4$,$CaAl_2O_4$,$Ca_3Al_2O_4$,$MgSiO_2$,Ca_2SiO_4,$CaTiO_3$,$CaZnO_3$,$MgSiO_3$,Ca_2SiO_3,碳。酸性载体:沸石分子筛,磷酸铝。

在现代化学工业中,常用的载体有 Al_2O_3、硅胶、活性炭、硅藻土、层状化合物、二氧化钛、碳化硅等,其中活性炭是应用最多的一类载体,其表面化学结构如图 3.4 所示。限于本书篇幅,这里不再赘述这些载体的结构及具体特性。

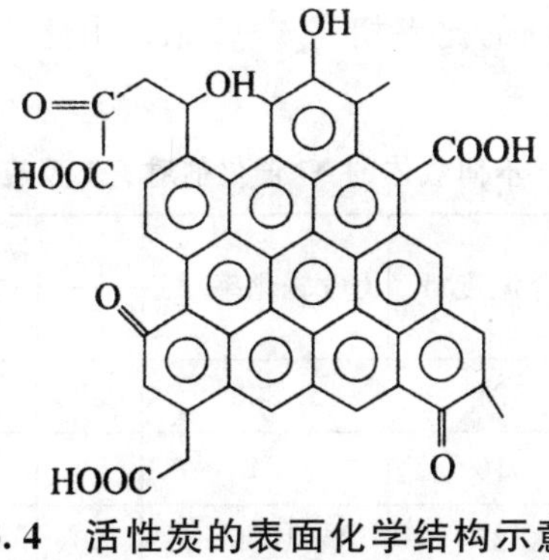

图3.4 活性炭的表面化学结构示意图

3.4.1.2 金属-载体间的强相互作用

与许多其他类型多相催化剂一样,金属催化剂在多数情况下,也都做成负载型而被使用。一般认为,载体主要具有以下作用:

1)提高催化剂的机械强度,保证催化剂具有一定的形状。

2)增大活性表面并提供适宜的孔结构,同时,把催化剂负载在载体上也可节约催化剂的用量。例如,用于 SO_2 氧化的钒催化剂,把 V_2O_5 负载于硅藻土上,可节约 V_2O_5 的用量。

3)改善催化剂的导热性和热稳定性,载体一般具有较大的热容和表面积,使放热反应的反应热得以消除,因而避免局部过热而引起催化剂的烧结。

4)有些载体本身也可提供活性中心,例如,Al_2O_3 载体就可提供酸中心,从而可促进某些需要酸中心的反应如异构化反应的进行等。

现举例说明载体-金属间的相互作用对催化活性的影响。

(1)Al_2O_3 载体对镍催化剂表面性质及催化活性的影响。从表 3.7 可看到,添加载体在很大程度上改变了整个体系的物理性质,而且还改变了对某种目的产物的选择性。这种大幅度变化说明活性组分金属与载体之间存在着某种作用。

表 3.7 Al_2O_3 载体对镍催化剂表面性质及乙苯氢解催化活性的影响

样品	$\omega_{Ni}/\%$	$S/(m^2/g)$	D/nm	$S_{elB}/\%$	$S_{eln}/\%$
Ni/Al$_2$O$_3$	28.5	650	7.0	118	1
Ni	100	1.7	400	14	6

注 S_{elB} 是指苯的选择性;S_{eln} 是指芳核断裂产物的选择性。

(2)添加不同载体对催化剂催化性能的影响。不同载体负载的 Ni 催化剂对 F-T 反应有不同作用,如表 3.8 所示。在相近的温度范围内,载体的变化使催化剂转化 CO 的比率相差 4~8 倍。由此看出,金属-载体作用的影响很大。

表 3.8 不同载体的 Ni 催化剂对 F-T 反应的影响

催化剂	反应温度/K	CO 转化率/%	产物分布%A(质量分数)				
			C_1	C_2	C_3	C_4	C_5^+
1.5%Ni/TiO$_2$	524	13.3	58	14	12	8	7
10%Ni/TiO$_2$	516	24	50	9	15	8	9
5%Ni/η-Al$_2$O$_3$	527	10.8	90	7	3	1	—

催化剂	反应温度/K	CO 转化率/%	产物分布%A(质量分数)				
			C_1	C_2	C_3	C_4	C_5^+
8.8%Ni/r-Al$_2$O$_3$	503	3.1	81	14	3	2	—
42%Ni/a-Al$_2$O$_3$	509	2.1	76	1	5	3	1
16.7%Ni/SiO$_2$	493	3.3	92	5	3	1	—
20%Ni/石墨	507	24.8	87	7	4	1	—
Ni 粉末	525	7.9	94	6	—	—	—

3.4.1.3　负载型金属催化剂的催化活性

金属催化剂尤其是贵金属,由于价格昂贵,常将其分散成微小的颗粒附着于高表面和大孔隙的载体上,以节省用量,增加金属原子暴露于表面的机会,这样就给负载型金属催化剂带来了一些新的特征。在负载型金属催化剂中,载体对金属的催化作用可能产生各种不同的影响:载体仅作为惰性介质使金属活性组分达到高分散度;酸性载体与金属组分协同作用,形成多功能的催化剂;金属与载体之间可能发生强的相互作用。

3.4.2　负载型金属催化剂的催化活性

3.4.2.1　金属分散度与催化活性的关系

对于多相催化反应,反应主要是在固体催化剂的表面上进行的。因此,金属原子能较多地分布在外表面层,就可大大提高这些金属原子的利用率,这就涉及金属的分散度。金属分散度指催化剂表面活性金属原子数与催化剂上总金属原子数之比,实际上常常和金属的比表面积或金属离子的大小相联系。晶粒大,分散度小;反之,晶粒小,分散度大。在负载型催化剂中分散度则是指金属在载体表面上的晶粒大小。

分散度用 D 表示,其定义为

$$分散度(D)=\frac{表面的金属原子数}{总的金属原子数(表相+体相)}/g\ 催化剂$$

因为催化反应都是在位于表面上的原子处进行,故分散度好的催化剂,一般其催化效果就好。当 $D=1$ 时意味着金属原子全部暴露。

金属晶粒大小与分散度的关系在负载型催化剂中,分散度也可以理解为金属在载体表面上的晶粒大小。晶粒大,分散度小;晶粒小,则分散度大。晶粒大小除了影响表面金属原子数与总金属原子数之比,还能影响晶体总原子数和表面原子的平均配位数。这是因为,通常晶面上的原子有三种类型:①位于晶角上;②位于晶棱上;③位于晶面上。显然,位于角顶和棱边上的原子,较之位于面上的配位数要低。随着晶粒大小的变化,不同配位数的比例也会变,相对应的原子数也随之改变。这样的分布指明,涉及低配位数的吸附和反应,将随晶粒的变小而增加;而位于面上的位,将随晶粒的增大而增加。晶粒大小的改变会使晶粒表面上活性位比例发生改变,几何因素影响催化活性。晶粒越小载体对催化活性影响越大。晶粒越小可使晶粒上电子性质与载体不同从而影响催化性能。

综上所述,在讨论金属催化剂晶粒大小(即分散度)对催化作用的影响时,可从下述三点考虑:

(1)在反应中起作用的活性部位的性质。由于晶粒大小的改变,会使晶粒表面上活性部分的相对比例变化,从几何因素来影响催化反应。

(2)载体对金属催化行为是有影响的。载体对催化活性影响越大,金属晶粒变得越小,可以预料载体的影响会变得越大。

(3)晶粒大小对催化作用的影响可从电子因素方面考虑,正如上面所述,极小晶粒的电子性质与本体金属的电子性质不同,也将影响其催化性质。

金属分散度是表征金属在载体表面分散状态的量度。影响金属分散度的因素很多,包括表面性质、孔道结构、缺陷类型、制备方法、工艺条件等。金属分散度的测定方法主要包括化学吸附法(包括静态和动态两种)、X射线光电子能谱法(XPS)、X射线衍射宽化法(XRD)和透射电子显微镜法(TEM)等。

3.4.2.2 金属催化反应的结构敏感行为

对于负载型催化剂,布达特和泰勒提出,把金属催化反应区分为两类:结构敏感反应(structure-sensitive)和结构不敏感反应(structure-insensitive)反应。若反应的转化数(每个金属原子每秒钟内转化的反应分子数)随金属颗粒大小的变化而变化,则称此反应为结构敏感反应,否则称为结构不敏感反应。判断反应是否结构敏感,首先必须排除所有由于传热、传质、中毒和金属-载体相互作用引起的干扰。一般说来,在催化反应速率控制步骤中涉及的键为或键的反应(例如,烃类加氢、脱氢和异构化)属结构不敏感反应。

结构敏感反应:氨在负载铁催化剂上的合成是一种结构敏感性反应。该反应的转化频率随铁分散度的增加而增加。乙烷在 Ni-Cu 催化剂上的氢解反应随 Cu 量增多活性下降,也是一种结构敏感性反应。这类涉及键断裂的反应,需要提供大量的热量,反应是在强吸附中心上进行的,这些中心或是多个原子组成的集团,或是表面上顶或棱上的原子,它们对表面的细微结构十分敏感。因此,利用反应对结构敏感性的不同,可以通过调整晶粒大小、加入金属原子或离子等来调变催化活性和选择性。

结构非敏感性反应:例如,环丙烷的加氢就是一种结构非敏感反应。用宏观的单晶 Pt 作催化剂与用负载于 Al_2O_3 或 SiO_2 的微晶(1~1.5nm)作催化剂,测得的转化频率基本相同。由于这类(C—H、H—H)键断裂的反应,只需要较小的能量,因此可以在少数一两个原子组成的活性中心上或在强吸附的烃类所形成的金属烷基物种表面上进行反应。

一般来说,仅涉及 C—H 键的催化反应对结构不敏感,而涉及 C—C 键或者双键(π)变化可发生重组的催化反应为结构敏感反应。

根据最近的总结,负载型金属催化剂的分散度(D)和以转换频率(TOF)表示的每个表面原子单位时间内的活性之间在不同催化反应中存在不同关系。总的可分为 4 类:①TOF 与 D 无关;②TOF 随 D 增加;③TOF 随 D 减小;④TOF 对 D 有最大值。

各类典型反应见表 3.9。由表 3.9 可以看出:①类属于结构不敏感反应,②~④类属于结构敏感反应。

表 3.9　按 *TOF* 和 *D* 关系的反应分类

类别	典型反应	催化剂
①*TOF* 与 *D* 无关	$2H_2 + O_2 \longrightarrow 2H_2O$	Pt/SiO_2
	乙烯、苯加氢	Pt/Al_2O_3
	环丙烷、甲基环丙烷氢解	Pt/SiO_2,Pt/Al_2O_3
	环己烷脱氢	Pt/Al_2O_3
②*TOF* 大,*D* 大	乙烷、丙烷加氢分解	$Ni/SiO_2\text{-}Al_2O_3$
	正戊烷加氢分解	$Pt/$炭黑,Rh/Al_2O_3
	环己烷加氢分解	Pt/Al_2O_3
	2,2-二甲基丙烷加氢分解	
	正庚烷加氢分解	
	丙烯加氢	Ni/Al_2O_3

类别	典型反应	催化剂
③ *TOF* 大, *D* 小	丙烷氧化	Pt/Al$_2$O$_3$
	丙烯氧化	
	$CO+0.5O_2 \longrightarrow CO_2$	Pt/SiO$_2$
	环丙烷加氢开环	Rh/Al$_2$O$_3$
	$CO+3H_2 \longrightarrow CH_4+H_2O$	Ni/SiO$_2$
	$3CO+3H_2 \longrightarrow C_2H_5OH+CO_2$	Rh/SiO$_2$,Fe/MgO
④ *TOF* 对 *D* 有最大值	$H_2+D_2 \longrightarrow 2HD$	Pd/C,Pd/SiO$_2$
	苯加氢	Ni/SiO$_2$

3.5 合金催化剂及其催化作用

20 世纪 50 年代人们在调变金属催化剂的催化性能时,试图依据能带理论,采用合金办法调变金属催化剂的"d 带空穴",从而改变催化性能。将过渡金属含有"d 带空穴"的组分(Ni、Pt、Pd)与不含"d 带空穴"但具有未配对的 s 电子的第 1 副族元素(Cu、Ag、Au)组成合金(Ni-Cu、Pd-Ag、Pt-Au 等)。在苯乙烯加氢反应实验中发现随合金中 Cu、Ag、Au 含量的增加,催化活性降低。其原因被认为是 Cu、Ag、Au 等元素中的 s 电子填充到 Ni、Pt、Pd 的"d 带空穴"中去,使过渡金属的"d 带空穴"数减少所致。20 世纪 70 年代,随着表面分析技术的发展和合金理论研究的深化,人们认识到对 Ni-Cu 合金用上述理论解释是不正确的,应从多方面去探讨合金的催化作用。下面将讨论合金的组成和催化作用。

3.5.1 合金的分类和表面富集

3.5.1.1 合金的分类

根据合金的性质与表面组成可将合金分为以下三类:

(1)机械混合。各金属原子仍保持其原来的晶体结构,只是粉碎后机械地混合在一起。这种机械混合常用于晶格结构不同的金属,它不符合化学计量。

（2）化合物合金。两种金属符合化合物计量的比例，金属原子间靠化学力结合组成金属化合物。这种合金常用于晶格相同或相近，原子半径差不多的金属。

（3）固溶体。介于上述两者之间，这是一种固态溶液，其中一种金属可视为溶剂，另一种较少的金属可视为溶解在溶剂中的溶质。固溶体通常分为填隙式和替代式两种。当一种原子无规则地溶解在另一种金属晶体的间隙位置中时，称为填隙式固溶体。其中填隙的原子半径一般较小。当一种原子无规则地替代另一种金属晶格中的原子时，称为替代式固溶体。

3.5.1.2　合金的表面富集

大多数合金都会发生表面富集现象，使其合金的表相组成与体相组成不同。如 Ni-Cu 合金，当体相 Ni 的原子分数为 0.9 时，表相 Ni 的原子分数只有 0.1。可见大量 Cu 在表面富集。表面富集由如下两个因素决定：

（1）合金中表面自由能较低（升华热较低）的组分容易在表面富集。因此表面自由能的很小差别就会造成很大的表面富集。

（2）合金表相组成与接触的气体性质有关，与气体有较高吸附热的组分容易在表面富集。

合金的表相组成对催化剂的催化性能的影响往往比体相更直接，也更重要。从下文的合金催化剂几何因素的影响可以看得更清楚。

3.5.2　合金的电子效应和几何效应与催化作用的关系

工业上常用的合金催化剂有 Ni-Cu、Pd-Ag、Pd-Au 等，这些合金催化剂中一部分为过渡金属元素 Ni、Pt、Pd 等，它们的电子结构特点是原子轨道没填满电子，也就是说具有"d 带空穴"；而另一部分是第Ⅰ副族元素 Cu、Ag、Au 等，它们的电子结构特点是原子 d 轨道被电子填满，但具有未成对的 s 电子。正如前面所述，从能带理论出发，认为当二者形成合金时，Cu、Ag 和 Au 中的 s 电子有可能转移到 Ni、Pd、Pt 的"d 带空穴"中，使得合金催化剂的"d 带空穴"数变小，从电子因素来看，这将会引起合金催化剂的催化活性发生变化。但是近 30 多年来的一些研究结果表明，对 Ni-Cu 合金催化剂来说，即使合金中 Cu 含量超过 60%，每个 Ni 的"d 带空穴"数仍为 0.5±0.1。

这说明合金中 Cu 电子大部分仍然定域在 Cu 原子中，而 Ni 的"d 带空穴"仍大部分定域在 Ni 中。Ni 的电子性质或化学特性并不因与 Cu 形成合金而发生显著变化,这与能带理论的推测不相符。Ni 的电子结构不因 Cu 的引入形成合金而有很大变化,这是因为 Cu-Ni 合金是一种吸热合金,在此合金中可能形成 Ni 原子簇,而 Ni 和 Cu 的电子相互作用并不大。相反,对放热合金 Pd-Ag 而言,情况就不一样了。合金中 Pd 含量小于 35％时,每个 Pd 原子的"d 带空穴"数从 0.4 降至 0.15。而从 X 射线光电子能谱的数据表明,随 Ag 的加入 Pd 的"d 带空穴"被填满。这是因为 Pd-Ag 合金两个不同原子间成键作用比 Cu-Ni 合金大,即 $E_{AB} > (E_{AA} + E_{BB})/2$,所以 Pd 的电子结构受合金的影响会产生电子效应。人们对 Cu-Ni 和 Pd-Ag 合金的电子因素和几何因素对金属催化剂催化作用的影响进行了较多研究,主要以烃类加氢、脱氢反应(结构不敏感型)和氢解反应(结构敏感型)为例。图 3.5 所示为氢在 Cu-Ni 合金催化剂上的吸附与合金组成的关系。图中强吸附氢是通过起始吸附等温线及抽真空 10min 后所得等温线之差求得。

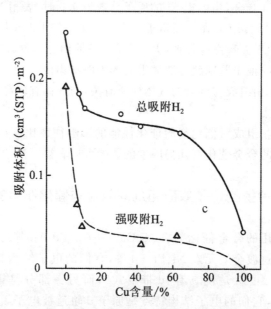

图 3.5　Cu-Ni 合金催化剂上的吸附与 Cu 含量之间关系

结果表明。少量 Cu 的加入立即引起强吸附氢的剧烈减少。这说明富集的表面 Cu 尽管数量不多(<10％),但却覆盖了富镍相。当 Cu 含量>15％,发生相分离,而且富镍相完全被 Cu 包起,此时外层富铜相的组成不随 Cu 含量的增加而改变,即表面组成变化不大,所以总吸附氢量和强吸附氢量变化不大。由此可见,氢化学吸附不是电子效应引起的,而是 Cu 表面富集的作用。从图 3.6 和图 3.7 可以看出,这种合金表面富集也直接影响了 Cu-Ni 合金催化剂的催化活性。

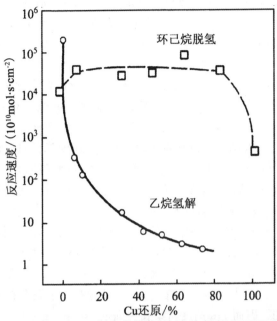

图 3.6　在 Cu-Ni 合金催化剂上乙烷氢解和环己烷脱
氢反应的催化活性与合金组成的关系

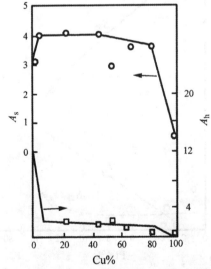

图 3.7　环丙烷在 Cu-Ni 合金催化剂上的氢解活性与 Cu 含量
关系(A_s—环丙烷的总转化率;A_h—氢解转化率)

图 3.6 表明,当 Ni 中加入 20％ Cu 时,乙烷氢解为甲烷的反应速度降低约 4 个数量级,而环己烷脱氢速度只是略有增加,然后变得与合金组成无关,直到接近纯 Cu 时,速率才迅速下降。从图 3.7 给出的环丙烷在 Cu-Ni 合金上进行的加氢反应与氢解反应,其规律与上述类似。由于环丙烷中的 C—C 键的伸缩性,其开环很像双键加氢(生成丙烷),而不像氢解反应生成甲烷和乙烷。前者由于 C—H 键断裂容易发生,所以合金化影响并不明显。而对于 C—C 键的断裂,由于发生氢解反应,金属表面至少有一对相邻金属原子与两个碳原子成键,才能进行氢解反应。当 Ni 和 Cu 形成合金时,由于 Cu 的富集,Ni 的表面双位数减少,而且吸附强度降低,因而导致氢解反应速度大大降低。双位吸附减少是一种几何效应,而吸附强度降低是一种电子效应。由此可见合金中的几何效应和电子效应对催化作用都有影响,前者对结构敏感型反应影响更大一些。

Pt-Au 合金化对催化作用中几何效应影响更显著。Pt 能催化中等链长的正构烷烃脱氢环化、异构化和氢解等反应(如重整过程)。图 3.8 给出 Pt-Au 合金的组成对正己烷反应选择性的影响。在 Pt 含量较低(1％~12.5％)时,Pt 溶于 Au 中,并均匀地分散在 Au 中(可能有原子簇存在),由于 Au 的表面自由能较低,因而 Au 高度富集在表面层。

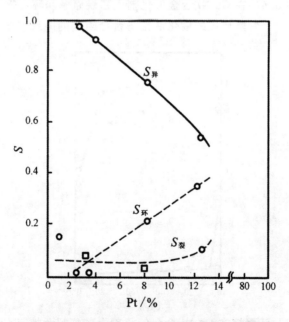

图 3.8 Pt-Au 合金的组成对正己烷反应选择性的影响(360℃)
($S_{异}$、$S_{环}$、$S_{裂}$ 分别表示转化为甲基环戊烷、
环化产物、氢解产物的分数)

如图 3.8 所示,当 Pt 在合金中含量为 $1\%\sim4.8\%$ 时,表面分散单个的 Pt 或者少量 Pt 原子簇。若将此合金负载于硅胶上,则只进行异构化反应,而环化和氢解反应几乎不能进行。当合金中含 Pt 10% 时,则异构化和脱氢环化反应同时进行,氢解反应仍难以进行。当 Pt 含量非常高(纯 Pt)时,异构化、脱氢和氢解反应均可进行。三者活性差别最大是当 Pt 含量为 $0\sim10\%$ 时,而不是 $10\%\sim100\%$。磁性测量表明磁化率变化最大是发生在 Au 含量最低之处,而 Pt 在 Au 中含量很少时,磁化率变化很小。这一结果用电子效应难以给出清晰的说明,而从几何效应考虑可给出较好说明。因为氢解反应需要较多 Pt 组成的大集团,脱氢环化需要较少的 Pt 集团,而异构化则需要最少的 Pt 原子集团。如果异构化是按单分子机理进行的,在 Pt 原子高分散于大量 Au 中,单个 Pt 也能进行异构化;对脱氢环化反应至少需在两个相邻的金属原子上进行,由于 Au 的分隔,这样活性中心变少,活性较异构化低;对于氢解反应,由于合金表面上存在较多的 Au,作为反应活性中心 Pt 大集团存在的概率更小,所以在 Pt 含量较低时氢解反应几乎不能进行。可见合金作用是调变金属催化剂的一种有效方法,它除了影响催化活性外,也影响反应的选择性。

3.6　金属催化剂的应用实例

金属催化剂是目前化学工业、石油炼制和环境污染治理方面应用得最多的一类催化剂,现举其中几个典型的例子。

3.6.1　合成氨工业催化剂

工业上使用的合成氨催化剂是以 Fe_3O_4 为主催化剂,以 Al_2O_3、K_2O、CaO 和 MgO 等为助催化剂。合成氨催化剂通常是用天然磁铁矿和少量助剂在电熔炉里熔融,经冷却制备的。

氨合成反应是放热可逆反应:
$$N_2 + 3H_2 \Longrightarrow 2NH_3 (\triangle H_{500℃} = -108.8kJ/mol)$$
操作温度通常为 $400\sim500℃$,压力为 $15\sim30MPa$。

3.6.1.1　主催化剂的结构

主催化剂磁铁矿 Fe_3O_4 与天然矿物尖晶石 $MgAl_2O_4$ 的结构相似,尖晶石每个晶胞含 8 个 $MgAl_2O_4$，而 Fe_3O_4 的单个晶胞含有 8 个 Fe_3O_4。二者氧离子均属面心立方紧密堆积，阳离子处于氧离子八面体空隙或四面体空隙中。Fe_3O_4 单胞表示为：

$$Fe^{3+} \quad [Fe^{2+} \cdot Fe^{3+}]O_4$$

单胞中有 8 个 Fe^{3+} 单胞中有 16 个铁离子 Fe^{2+}、Fe^{3+}
（处在四面体空隙）   各占一半（处在八面体空隙）

所以称其为反尖晶石结构。

在高温熔融约 1550℃ 条件下，与 Fe^{2+}、Fe^{3+} 离子半径近似的离子（Si^{4+}、Al^{3+}、Ca^{2+}、Mg^{2+}、K^+ 等），可取代 Fe^{2+} 或 Fe^{3+}，生成混晶。还原时晶粒中的全部氧被除去，但结构并不收缩，可制得与还原前磁铁矿体积相等的多孔铁，据相结构分析为 α-Fe 体心立方结构。电子探针观察表明，α-Fe 微粒中掺入少量助剂，作为隔开微晶的难还原且耐高温的物质存在于 α-Fe 微晶之间。

3.6.1.2　各种助催化剂的作用及其最佳含量

（1）Al_2O_3。Al_2O_3 是一种结构型助催化剂，它在高温下的稳定形态是 α-Al_2O_3；但在熔铁催化剂中，Al_2O_3 可形成 $FeAl_2O_4$、$K_2Al_2O_4$ 等尖晶石型混晶结构，成为高熔点且难还原组分，隔开 α-Fe 微晶，以阻止 α-Fe 的烧结。Al_2O_3 的加入有利于增加催化剂的比表面，还可增加催化剂对 S、Cl 等的抗毒性能。过多地加入 Al_2O_3 会使自由铁含量下降，减慢还原速度。Al_2O_3 表面还能吸附 NH_3，使生成的 NH_3 不能及时脱附，反应不利于正向进行而导致活性降低。因此，Al_2O_3 加入量要适度，而且还要与其他助剂的添加种类和数量协调，通常为 $2.5\%\sim5\%$，最佳量为 $3\%\sim4\%$。

（2）K_2O。K_2O 是电子助催化剂，由于 K_2O 的加入，使 α-Fe 的电子逸出功降低，包围着 α-Fe 微晶的 $K_2Al_2O_4$ 以其 K^+ 向外，AlO_2^- 向内，造成表面正电场，使金属 α-Fe 的电子逸出功降低；促进电子输出给 N_2，从而提高催化活性。通常 K_2O 表相浓度大于体相浓度，可见 K^+ 是在固体表面层。K_2O 能促进 α-Fe 烧结，使比表面下降，导致孔半径增大。不含 K_2O 的样品，平均孔径为 38.4nm；含少量 K_2O 的样品，平均孔径为 36.4nm；含大量 K_2O 的样品，平均孔径则为 48.4nm。K_2O 与载体有协同作用，使合成氨活性提高。这是因为 Al_2O_3 结合表面游离的 K_2O，生成铝酸钾，减少 K_2O 的流失。K_2O 的最佳含量为 $1.2\%\sim1.8\%$。

（3）CaO。CaO 能使 Al_2O_3 与磁铁矿的熔融温度降低，熔融液的黏滞性显著降低，因而使 Al_2O_3 在熔铁中分布更均匀。CaO 也有抗烧结作用和降低电子输出功的作用,以及增加催化剂抗 H_2S 和 CO 等毒物的能力。CaO 的最佳含量为 $2.5\% \sim 3.5\%$。

(4)MgO。MgO 与 CaO 作用相似,MgO 与 CaO 同时存在时能显著提高催化剂的低温活性,改变其耐热性能。MgO 使催化剂更易于还原。MgO 的最佳含量为 $3.5\% \sim 5\%$。

(5)SiO_2。SiO_2 的主要作用是改善催化剂的物理结构,调节表面 K^+ 的含量,使 K^+ 分布更均匀。其最佳含量将随 K_2O 的含量而改变,与其他助催化剂含量也有关。

总的说来,助催化剂各种成分互相联系、互相制约,它们通过对 α-Fe 微晶大小及其分布以及 α-Fe 电子逸出功的改变等,使催化剂活性、稳定性达到最佳值。

3.6.2 乙烯环氧化工业催化剂

乙烯环氧化生产环氧乙烷采用负载 Ag 催化剂。主催化剂为 Ag,载体为耐热 α-Al_2O_3 小球、SiC 等,助催化剂为 Ba、Al、Ca、Ce、Au 或 Pt 等。催化剂制备采用浸渍法。反应温度一般在 $220 \sim 280℃$ 之间,该反应为放热反应。

$$CH_2{=}CH_2 + 1/2O_2 \longrightarrow CH_2 \underset{O}{-} CH_2 \quad (\Delta H_{280℃} = -122.2 \text{ kJ/mol})$$

副反应为深度氧化生成 CO_2 和 H_2O 的反应,为强放热反应,其 $\Delta H = -1327 kJ/mol$。

Ag 被负载在低比表面积大孔载体上,负载量为 $5\% \sim 35\%$。乙烯环氧化反应是一种结构敏感型反应,因此担载 Ag 颗粒大小、载体性质及助催化剂等都对其有很大影响。制备银基催化剂的关键是使 Ag 能牢固负载在载体上。

通常认为乙烯在 Ag 催化剂上的环氧化机理如下:

$$2Ag + O_2 \longrightarrow Ag_2O_2 (吸附)$$
$$Ag_2O_2 + C_2H_4 \longrightarrow C_2H_4O + Ag_2O$$
$$4Ag_2O + C_2H_4 \longrightarrow 2CO + 2H_2O + 8Ag$$
$$2CO + 3Ag_2O \longrightarrow 2CO_2 + 6Ag$$

第4章 金属氧化物催化剂及其催化作用

金属氧化物催化剂广泛用于多种类型反应,如烃类选择氧化、NO_2 还原、烯烃歧化与聚合等。常用作催化剂的金属氧化物大多数都是半导体,因此也称其为半导体催化剂。研究表明,金属氧化物催化剂主要为 VB~VⅢ 族和ⅠB、ⅡB 族元素氧化物,多由两种或多种氧化物组成。其结构复杂,组分与组分之间可能相互作用,常常多相共存,有所谓的"活性相"概念。金属氧化物催化剂多具有耐热、光敏、热敏特性,且催化性能适于调变,在现代催化工业中饱受重视。

4.1 金属氧化物的结构

根据催化作用与功能,金属氧化物组分在催化剂中可发挥不同的作用与功能。有些可作为主催化剂存在,其单独存在就有催化活性;而有些则作为助催化剂组分,其单独存在无活性或有很少活性,加入到主催化剂中可使活性增强。助催化剂的功能可以是调变生成新相,或调控电子迁移速率,或促进活性相的形成等。另外,金属氧化物也可作为催化剂载体材料。工业用金属氧化物催化剂单组分的一般不多见,通常都是在主催化剂中加入多种添加剂,制成多组分复合金属氧化物催化剂。这些复合金属氧化物的存在形式可能有三种,分别为生成复合氧化物、形成同溶体、组成各成分独立的混合物。

4.1.1 单一金属氧化物的晶体结构

按照金属原子与氧原子的比例分配,单一金属氧化物可以分为如下 6 种类型:

(1)M_2O 型金属氧化物。ⅠB 族元素 Cu 和 Ag 的氧化物是具有共价

键成分较多的 Cu_2O 晶体结构。金属配位数是直线型 2 配位(sp 杂化),而 O 的配位数是四面体型的 4 配位(sp^2 杂化)。如图 4.1 所示,给出了 M_2O 型氧化物 Cu_2O 的晶体结构。在化学工业中,Cu_2O 是 CO 加氢合成甲醇的优良催化剂。

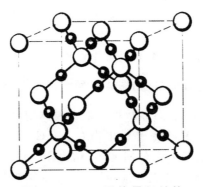

图 4.1　Cu_2O 晶体骨架结构

注　小球代表 Cu、大球代表 O;图中虚线包围部分不是 Cu_2O 结构中真实单位晶胞的大小,真实单位晶胞是它的 1/8。Pn3m,Z=2,$a=0.427$nm,Cu—O$=0.184$nm,Cu—Cu$=0.301$nm,O—O$=0.369$nm

(2)MO 型金属氧化物。MO 型金属氧化物的典型结构有如下两种:

1)NaCl 型。以离子键结合,M^{2+} 和 O^{2-} 的配位数都是 6,为正八面体结构,如 TiO、VO、MnO、FeO,其结构如图 4.2 所示。

2)纤锌矿型。金属氧化物中的 M^{2+} 和 O^{2-} 为四面体型的四配位结构,4 个 $M^{2+}-O^{2-}$ 不一定等价,M^{2+} 为 dsp^2 杂化轨道,可形成平面正方形结构,O^{2-} 位于正方形的四个角上,这种类型的化合物有 ZnO、PdO、PtO、CuO 等。

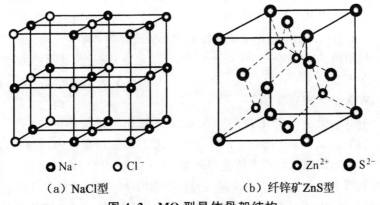

| ● Na^- | ○ Cl^- | ● Zn^{2+} | ◉ S^{2-} |

(a) NaCl 型　　　　　　　　(b) 纤锌矿 ZnS 型

图 4.2　MO 型晶体骨架结构

(3)M_2O_3 型金属氧化物。M_2O_3 型氧化物的代表结构为刚玉型和 C-M_2O_3 型结构,具体如下:

1)刚玉型。结构中氧原子为六方密堆排布,氧原子层间形成的八面体间隙中有 2/3 被 M^{3+} 所占据,M^{3+} 的配位数是 6,O^{2-} 的配位数是 4。这类金属氧化物有 Fe_2O_3、V_2O_3、Ti_2O_3、Cr_2O_3、Rh_2O_3 等。Fe_2O_3 中有 γ 型变晶结构,它属于尖晶石型结构。

2)C-M_2O_3 型结构。这类金属氧化物与萤石型结构密切相关,是将它的 $\frac{1}{4}O^{2-}$ 取走后形成的结构,如图 4.3 所示。图中小白球代表被取走的 O^{2-},黑球代表 M^{3+},大白球代表 O^{2-}。由于从八配位中除去 2 个 O^{2-},M^{3+} 的配位数是 6。这类过渡金属氧化物有 Mn_2O_3、Sc_2O_3、Y_2O_3 和 Bi_2O_3。γ-Bi_2O_3(立方晶系)就是上述 C-M_2O_3 型结构,Bi_2O_3 还有 β 相(四方晶系)、α 相(单斜晶系)。它们是钼铋系选择氧化反应的主要催化剂组分。

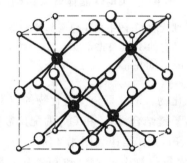

图 4.3　γ-Bi_2O_3(C-M_2O_3)的晶体结构

(4)MO_2 型金属氧化物。这类金属氧化物包括萤石、金红石和硅石三种结构。萤石晶体结构如图 4.4 所示。M^{2+} 位于立方晶胞的顶点及面心位置,形成面心立方堆积,氧原子填充在八个小立方体的体心。三种结构中,萤石结构的阳离子与氧离子的半径比较大,其次是金红石型,最小的为硅石型结构。萤石型包括 ZrO_2、CeO_2、ThO_2 等,金红石型包括 TiO_2、VO_2、CrO_2、MoO_2、WO_2 和 MnO_2 等。

(5)MO_3 型金属氧化物。MO_3 型金属氧化物最简单的空间晶格是 ReO_3 的结构,如图 4.5 所示。M^{6+} 与 6 个 O^{2-} 形成六配位的八面体,八面体通过共点与周围 6 个八面体连接起来。WO_3 和 MoO_3 均属此类氧化物,常用作选择氧化催化剂。MO_3 是一种层状结构,Mo 与 6 个 O 配位形成八面体,这些八面体以共棱方式形成沿 c 轴方向的 Z 字型链,这些链彼此之间以共点连接形成层(平行于 ac 面),然后这些层在 b 轴方向堆积成为层状晶体。

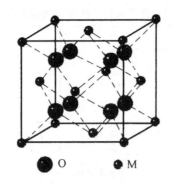

O　　●M

图 4.4　萤石型金属氧化物的骨架结构

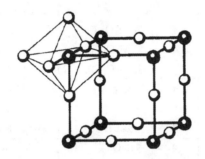

图 4.5　ReO_3 的晶体结构($O_h^1-Pm3m, Z=1,$
晶格常数 $a=0.374nm$)

(6)M_2O_5 型金属氧化物。M^{5+} 被 6 个 O^{2-} 包围,但并非正八面体,而是一种层状结构,实际上只与 5 个 O^{2-} 结合,形成扭曲式三角双锥,其中 V_2O_5 最为典型的 M_2O_5 型金属氧化物。M_2O_5 型金属氧化物的骨架结构如图 4.6 所示。

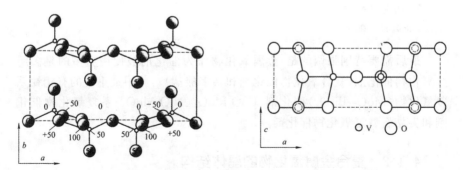

图 4.6　M_2O_5 型金属氧化物的骨架结构

金属氧化物的晶体结构和配位数见表 4.1。

表 4.1　金属氧化物的晶体结构和配位数

结构类型	组成	配位数		晶体结构	实例
		M	O		
三维晶格	M_2O	4	8	反萤石型	Li_2O,Na_2O,K_2O,Rb_2O
		2	4	Cu_2O 型	Cu_2O,Ag_2O
	MO	6	6	石盐型	$MgO,CaO,SrO,BaO,TiO,VO,$ MnO,FeO,CoO,NiO
		4[①]	4	纤锌矿型	BeO,ZnO
层状晶格	M_2O_3	6	4	刚玉型	$Al_2O_3,Ti_2O_3,V_2O_3,Fe_2O_3,$ Cr_2O_3,Rh_2O_3,Ga_2O_3
		7	4	$A-M_2O_3$ 型	$4f,5f$ 氧化物
		7.6	4	$B-M_2O_3$ 型	$4f,5f$ 氧化物
		6	4	$C-M_2O_3$ 型	$Mn_2O_3,Sc_2O_3,Y_2O_3,In_2O_3,Tl_2O_3$
	MO_2	8	4	萤石型	$ZrO_2,HfO_2,CeO_2,ThO_2,UO_2$
		6	3	金红石型	$TiO_2,VO_2,CrO_2,MoO_2,$ WO_2,MnO_2,GeO_2,SnO_2
	MO_3	6	2	ReO_3 型	ReO_3,WO_3
	M_2O	3[②]	6	反碘化镉型	Cs_2O
	MO	4[③]	4	PbO(红)型	PbO,SnO
	M_2O_3	3	2	As_2O_3 型	As_2O_3
	M_2O_5	5	1,2,3	V_2O_5	
	MO_3	6	1,2,3		MoO_3
分子格					$RuO_4,OsO_4,Te_2O_7,Sb_4O_6$

①平面 4 配位；
②三角锥 3 配位；
③正方锥 4 配位。

最后需要特别强调的是,金属氧化物作为催化剂被使用更多的是多组分氧化物催化剂(复合氧化物催化剂和杂多酸盐)。其中最重要的有钼铋系复氧化物($MoO_3-Bi_2O_3$)催化剂、$CoO-MoO_3$($NiO-MoO_3$)系复氧化物催化剂和尖晶石型复氧化物催化剂。

4.1.2　复合金属氧化物的晶体结构

复合金属氧化物是由两种或两种以上金属氧化物复合而成的多元复杂氧化物。它与单一氧化物相比有更好的性质,在电学、光学、磁学方面性能优异,还具有稳定性好、耐腐蚀、耐高温、高硬度等特点。复合金属氧化物有多种分类方法:按照晶型结构,可以分为钙钛矿型、烧绿石型、尖晶石型、萤石型、白钨矿型和岩盐型等;按照组成中金属元素与非金属元素的化学计量比,可分为整比和非整比复合氧化物;按照化学组成的不同,可分为前过渡元素复合氧化物、稀土复合氧化物、铁基复合氧化物等。在复合金属氧化物中,尖晶石和钙钛矿由于其结构组成多变、性质可调,是两类最受关注的催化材料。

4.1.2.1　尖晶石的晶体结构

尖晶石结构的金属氧化物在自然界中广泛存在。由于其结构特殊,具有耐热、耐光、无毒、防锈、耐火、绝缘等特点,在冶金、电子、化学工业等领域都有广泛的用途。广义的尖晶石型复合金属氧化物的分子式为 $A_xB_yC_z\cdots O_4$。式中,A、B、C 等分别代表不同的金属元素,O 为氧元素。其中,x,y,z 等满足 $x+y+z+\cdots=3$,$xM_A+yM_B+zM_C+\cdots=8$,M_A、M_B、M_C 等代表 A、B、C 的化合价。具有尖晶石结构的复合金属氧化物中,最常见且研究最广泛的是 AB_2O_4 型。AB_2O_4 型尖晶石属于立方晶系,其中 O^{2-} 为面心立方紧密堆积(cpp),其结构如图 4.7(a)所示。每个尖晶石晶胞中含有 32 个 O^{2-},16 个 B^{3+},8 个 A^{2+},相当于 8 个 AB_2O_4 分子。32 个 O^{2-} 作立方密堆积时,共产生 64 个四面体空隙和 32 个八面体空隙。A^{2+}、B^{3+} 离子可填充在四面体空隙或八面体空隙内,其结构如图 4.7(b)和图 4.7(c)所示。若所有 A^{2+} 都填充在四面体空隙,而所有 B^{3+} 都填充在八面体空隙,该结构的尖晶石称作正型尖晶石。若 A^{2+} 占据八面体空隙,而 B^{3+} 同时占据四面体空隙和八面体空隙,该结构的尖晶石称作反尖晶石。当 A^{2+}、B^{3+} 两种离子对四面体空隙和八面体空隙的选择性没有差异时,它们都既填充在四面体空隙内,又填充在八面体空隙内,就形成无序的尖晶石构型。

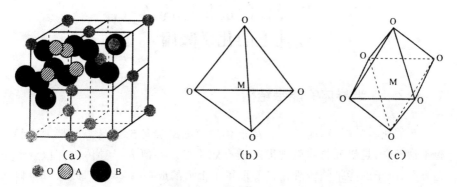

图 4.7　尖晶石结构

4.1.2.2　钙钛矿的晶体结构

这类化合物的晶格结构类似于矿物 $CaTiO_3$，可用通式 ABX_3 表示，此处 X 为 O^{2-}，属立方晶系，A 是一个大阳离子，B 位于正立方体的顶点。实际上，极少的钙钛矿型氧化物在室温下有准确的理想型正立方结构（如图 4.8 所示），但在高温下可能是这种结构。此处 A 的配位数为 $12(O^{2-})$，B 的配位数为 $6(O^{2-})$，基于电中性原理，阳离子的电荷之和应为 $+6$，故其计量要求为 $[1+5]=A^IB^VO_3$；$[2+4]=A^{II}B^{IV}O_3$；$[3+3]=A^{III}B^{III}O_3$。具有这三类计量关系的钙钛矿型化合物有 300 多种，覆盖了很大的范围。此外，还有各种复杂取代的结构体以及因阳、阴离子大小不匹配而形成其他晶型结构的实体物，再加上阳离子和阴离子缺陷的物相组成，总共在 300 多种。

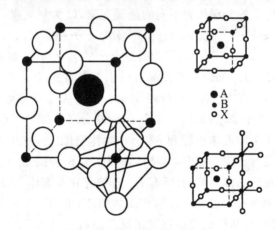

图 4.8　理想钙钛矿结构

4.2　半导体的能带结构及气体
在其上的化学吸附

4.2.1　半导体的能带结构

在催化科学领域，能带是解释催化现象的最佳理论工具。能带理论起源于物理学，是研究物质微观形态的有效手段。在研究半导体内部微观形态方面，电子的能带结构理论已经取得了很大的成功，很多物理现象都可以借助能带模型来完美地解释。能带半导体电性质的整体反映，利用能带理论可以很好地描述半导体内电子的传递行为。而化学反应的本质，正是物质内部电子转移的宏观表现。故而,使用能带理论可以将反应分子与催化剂(催化剂本质上是一种半导体)之间的电子传递能力准确地描述出来,进而解释催化反应的内在机理。接下来就来讨论半导体催化剂的能带结构,为进一步讨论催化剂的电导率、脱出功与催化活性的关系奠定基础。

在物理学上,能带理论是讨论固体(金属、半导体属于固体)的理论方法之一。固体是由许多原子组成的,这些原子彼此紧密相连,且周期性地重复排列着,因此固体中的电子状态和原子中的不同。在固体中,原子的外层电子有显著变化,内层电子变化很小,因为原子中的电子是分别排列在内外层许多轨道上,每层轨道都对应着确定的能级。在固体中,由于原子靠得很近,不同原子间的轨道发生了重叠,电子不再局限于在一个原子内运动,可由一个原子转移到相邻的原子上去,因此电子在整个固体中的运动呈现出"共有化"的态势。外层电子共有化的特征是显著的,而内层电子的情况基本上和它们单独存在时一样。外层电子共有化后,相应的能级也发生了变化,如图 4.9 所示。在图 4.9 中,圆圈代表原子中的电子轨道。在固体中,原子挨得很近,电子轨道重叠,电子不再局限于一个原子的 3s,2p,⋯轨道上运动,可由一个原子转移至相邻的原子上去,相应地,3s,2p 等能级也发生了变化,如图 4.10 所示。

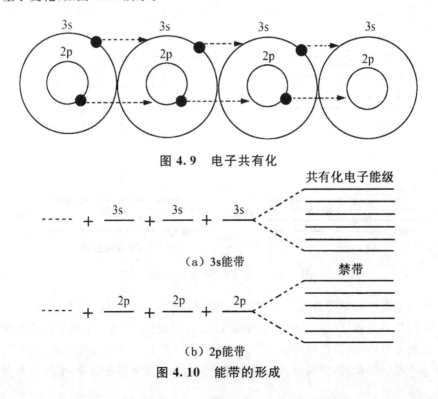

图 4.9　电子共有化

图 4.10　能带的形成

图 4.10 表示 n 个 3s 能级形成了 n 个 3s 共有化能级,这一组能级的总体叫作 3s 能带。3s 能带中每一个 3s 共有化电子能级对应一个共有化轨道,每一个共有化轨道最多容纳两个电子,因此 3s 能带最多容纳 $2n$ 个电子。对于 2p 能带,情况稍有不同,由于原子的 2p 能级对应 3 个 p 状态。因此 n 个 2p 原子能级形成 n 个 2p 共有化电子能级,每一个 2p 共有化电子能级对应 3 个共有化轨道,因此 2p 能带最多容纳 $6n$ 个电子。3s 能带和 2p 能带间存在一个间隔,其中因没有能填充电子,此间隔称作禁带。

在能带理论中,凡未被电子完全充满的能带都叫作导带。在外电场作用下,导带中的自由电子可从导带的一个能级跃迁到另一能级,此即导带电子能够导电的来源,此种电子为准自由电子,具有此种性质的固体称为导体。凡能级被电子完全充满的称为满带。满带中的电子不能从一个能级跃迁至另一能级,因此满带中的电子不能导电,绝缘体内的能带都是满带。

半导体是介于导体和绝缘体间的一种固体。在绝对零度附近,半导体中能量较低的能带都被电子完全充满,这时半导体和绝缘体没有区别。半导体有一个重要性质,它的禁带较窄,约 1eV。在有限温度时,电子因热运动具备的能量从最高满带激发至空带中,成为准自由电子。空带,即为没有填充电子的能带。如图 4.11 所示,是电子从满带激发到空带的示意图。

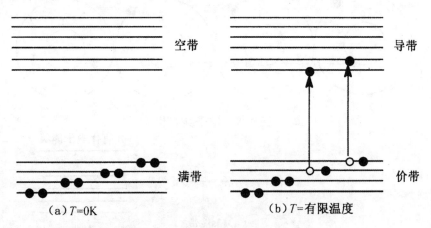

图 4.11　电子从满带激发到空带

当电子自满带激发到空带后,空带中有了准自由电子,空带变成导带,这就是半导体导电的原因。通过图 4.11 可以发现,每当一个电子从满带激发到空带后,满带便出现一个空穴,用符号○表示。该空穴是准自由空穴。当外电场存在时,空穴可从能带中的一个能级跃迁至另一能级,实际上就是和电子交换位置,如图 4.12 所示。在外电场作用下,准自由空穴能从能带的一个能级跃迁至另一个能级,这是半导体导电的另一原因。靠准自由电子导电的是 n 型半导体,靠准自由空穴导电的叫 p 型半导体。

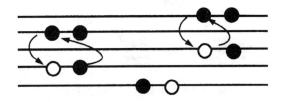

图 4.12　空穴的跃迁

在非计量化合物或掺入杂质的非计量化合物半导体中,存在着施主(A＋·)或受主(B⊕)。施主 A＋·束缚的电子基本上不共有化,位于施主能级;同样,受主 B⊕所束缚的空穴"○"位于受主能级,如图 4.13 所示。通过图 4.13 可以发现,施主 A＋·的束缚电子跃迁到导带,变成准自由电子,如果半导体的导电性主要靠电子激发到导带而来,这种半导体称为 n 型半导体;满带中的电子跃迁到受主能级,消灭受主所束缚的空穴,同时满带中出现准自由空穴,如果半导体的导电性质主要是靠这种方式产生的准自由空穴而来,这种半导体称为 p 型半导体。满带中出现了空穴而产生导电性质,满带已变成导带。对于本征半导体,其组成计量,晶体中既无施主也无受主,其准自由电子和准自由空穴是在外电场作用下,电子从价带(禁带)迁移到导带中产生。如图 4.14 所示,给出了本征半导体的能谱示意图。

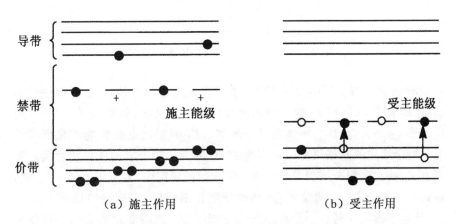

（a）施主作用　　　　　（b）受主作用

图 4.13　半导体中施主、受主的作用

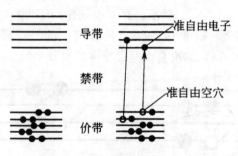

图 4.14　本征半导体的能谱

在半导体理论中,一般用费米(Fermi)能级 E_f 来衡量固体中电子输出的难易程度,E_f 表示半导体中电子的平均位能,E_f 越高,电子输出越容易。一般而言,本征半导体的 E_f 在禁带中间,n 型半导体的 E_f 在施主能级与导带之间,p 型半导体的 E_f 在满带与受主能级之间。E_f 与电子脱出功 ϕ 相关。ϕ 是把 1 个电子从半导体内部拉到外部,成为完全自由电子时所需的能量,用来克服电子的平均位能。如图 4.15 所示,给出了费米能级与脱出功的关系示意图。

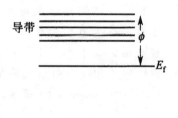

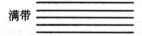

图 4.15　费米能级与脱出功的关系

E_f 的大小与半导体的导电性有关。掺入施主杂质,增加了导带中电子数量,E_f 提高,ϕ 下降,n 型半导体电导率增加。反之,如掺入受主杂质,则 E_f 降低,ϕ 增大,p 型半导体电导率增加。E_f 的变化也会影响催化剂的性能。对于给定的晶格结构,Fermi 能级 E_f 的变化对于它的催化活性具有重要意义,故在多相金属和半导体氧化催化剂的研制中,常采用添加少量助剂以调变主催化剂 E_f 的位置,达到改善催化剂活性、选择性的目的。E_f 提高,使电子逸出变易;E_f 降低,使电子逸出变难,这些变化会影响半导体催化剂的催化性能。例如,在氧化反应中,若 O_2 在催化剂表面吸附变成负离子,即从催化剂中得到电子是反应的控制步骤,则 n 型半导体对提高催化剂活性有利;在 n 型半导体中加入少量高价阳离子作为杂质,能够使 E_f 提高,准自由电子数增多,容易给出电子使 O_2 变为负离子,从而降低反应活化能,提高反应速率。

4.2.2　气体在半导体上的化学吸附

在半导体催化剂上不同类型气体分子的化学吸附状况不同,对半导体催化剂的电导率和逸出功影响也不同。

4.2.2.1　受电子气体在 n 型和 p 型半导体上的化学吸附

当受电子气体氧吸附在 n 型半导体上时,由于氧的电负性很大,容易夺取导带中的自由电子(由施主能级转移而来),随氧压的增大(即吸附氧量增加),导带中的自由电子数减少,使电导率减小。另一方面,由于氧夺取电子形成 O_2^-、O^- 或 O^{2-} 吸附态。随着温度升高,容易出现后面的吸附态 O^{2-},存氧化物表面上形成一层负电荷层,它不利于施主杂质能级中电子向导带转移,导致生成氧负离子减少,致使氧离子覆盖度是有限的。当氧吸附在 p 型半导体上时,由于氧的存在,相当于增加了受主杂质,它可接受满带中跃迁的电子,有利于满带中电子的跃迁,使满带中空穴增加,因此随氧压力增加,电导率增大。另一方面,由于满带中存在大量的电子,氧以负离子态吸附可以一直进行,可使氧负离子覆盖度很高。这就解释了 p 型氧化物 (Cu_2O、NiO、CoO 等)比 n 型氧化物 (ZnO、TiO_2、V_2O_5、Fe_2O_3 等)具有更高氧化活性的原因。因为受电子气体吸附于表面时产生负电荷层,它起到了受主杂质的作用,因此对 n 型和 p 型半导体的 E_f、ϕ 和电导率也有影响。

4.2.2.2　施电子气体在 n 型和 p 型半导体上的化学吸附

与氧的吸附相反,施电子气体(如 H_2)在 n 型和 p 型氧化物上以正离子 (H^+) 吸附态吸附于表面,表面形成正电荷层,起施主杂质的作用,因此对 n 型和 p 型半导体的 E_f、Φ 和电导率都有影响。半导体催化作用的电子理论把表面吸附的反应物分子视为半导体的施主或受主杂质,因此当它们吸附在半导体表面时,对半导体的性质也将产生影响。

4.2.2.3　半导体上化学吸附键的类型

气体在不同类型半导体上化学吸附时会产生不同的吸附态。一些常见气体分子在半导体上吸附的带电情况见表 4.2。

表 4.2　一些常见气体分子在半导体上吸附的带电情况

催化剂	吸附气体							
	O_2	CO	H_2	C_3H_6	C_3H_7OH	C_2H_5OH	$(CH_3)_2OH$	C_6H_6
NiO(p 型)	−	+	弱	+	+	+	+	+
CuO(本征)	−		弱		+	+	+	+
ZnO(n 型)	−	弱	弱	+	+	+	+	+
V_2O_5(n 型)	−	+	+	+	+	+		+

通过表 4.2 能够看出,通常情况下气体分子被化学吸附后所带电荷的性质只与气体分子的本性有关,与催化剂类型无关。例如,丙烯在 n 型半导体 ZnO、V_2O_5,p 型半导体 NiO 及本征半导体 CuO 上产生化学吸附时均带正电荷。而半导体类型不同,只在供给被吸附分子电子或空穴方式上有所不同。例如,丙烯在 p 型半导体 NiO 上产生化学吸附时,丙烯中电子转移到满带的空穴中;相反,丙烯在 n 型半导体 ZnO 上产生化学吸附时,丙烯中电子转移到导带中。

一般地,根据状态的不同,可以将化学吸附分为如下三类:

(1)弱键吸附。半导体催化剂的自由电子或空穴没有参与吸附键的形成,吸附分子仍保持电中性。

(2)受主键吸附(强 n 键吸附)。受主键吸附是指吸附分子从半导体催化剂表面得到电子,吸附分子以负离子态吸附。

(3)施主键吸附(强 p 键吸附)。施主键吸附是指吸附分子将电子转移给半导体表面,吸附分子以正离子态吸附。

4.3　金属氧化物催化剂的催化作用

金属氧化物多数为半导体,所以金属氧化物的催化作用起主导的为氧化物半导体的电子特性。用半导体电子理论讨论金属氧化物催化剂中的电子迁移与催化性能的关系,以及向半导体中掺入杂质组分,对于催化剂的理论发展有重要意义。

4.3.1　半导体的导电性与催化活性

导电性是影响半导体催化剂活性的重要因素。下面举几个例子说明半导体催化剂的活性与导电性质的关联。

4.3.1.1 CO 的分解

对于 CO 的分解反应

$$CO + \frac{1}{2}O_2 \longrightarrow CO_2$$

分别用 p 型 NiO 与 n 型 ZnO 为催化剂,当在催化剂中掺入异价离子杂质后,催化剂的电导率与反应的活化能将按图 4.16 变化。

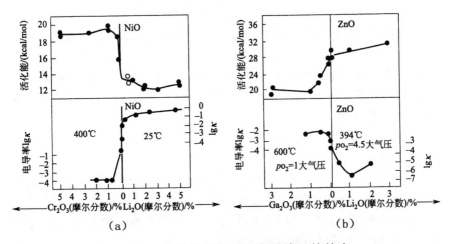

图 4.16 半导体催化剂中杂质掺入的效应

可以这样来解释,在 p 型半导体上,CO 吸附而正离子化为控制步骤(CO 为给电子气体,在 p 型半导体上这类吸附位的浓度较低)。在 p 型 NiO 中加入低价杂质 Li₂O,将提高其准自由空穴的浓度,电导率上升,接受电子的能力增加,CO 易于正离子化,整个反应的活化能下降。若加入高价杂质 Cr₂O₃,则结果相反。在 n 型 ZnO 上反应时,O₂ 吸附而负离子化为控制步骤(O₂ 为受电子气体,在 n 型半导体上这类吸附位的浓度较低);若在 ZnO 中掺入低价离子 Li⁺,将使 n 型半导体电导率下降,准自由电子减少,不利于向 O₂ 施电子,活化能上升;若加入高价离子 Ga³⁺,则结果反之。

4.3.1.2 N₂O 的分解

对于 N₂O 的分解反应

$$N_2O \longrightarrow N_2 + \frac{1}{2}O_2$$

不同电性质的催化剂活性序列如图 4.17 所示。

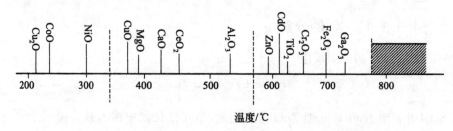

图 4.17　N_2O 在金属氧化物催化剂上分解时的催化剂活性序列
（以开始进行反应的温度表示）

按照图 4.17 中反应温度的高低可以将各种金属氧化物催化剂分为如下三类：

（1）第一类。在 200～300℃，Cu_2O、CoO 和 NiO 均为 p 型半导体。

（2）第二类。在 400～500℃，CuO 为本征半导体，MgO、CaO、CeO_2 和 Al_2O_3 均为非导体。

（3）第三类。在 600～700℃，ZnO 为 n 型半导体，CdO、Cr_2O_3 和 Fe_2O_3 均为 p 型半导体。

总体而言，p 型半导体能够作为该反应催化剂的数量最多，活性最高，其次是绝缘体，n 型半导体数量最少，活性最低。

实验表明，N_2O 在 p 型半导体上分解时，半导体电导率上升，在 n 型半导体上分解时，半导体电导率则下降。

可以从 N_2O 的分解反应机理来解释催化剂电导率的变化和活性顺序。有不少实验证明该反应有如下两个步骤：

$$N_2O + e(来自催化剂) \xrightarrow{\text{快}} N_2 + O^-$$

$$O^-(吸附) \xrightarrow{\text{慢}} \frac{1}{2}O_2 + e(至催化剂)$$

第一步反应，N_2O 从催化剂表面夺取电子，对于 n 型半导体，准自由电子数量减少，电导率下降；对于 p 型半导体，电子数量减少可以产生更多准自由空穴，电导率上升。

在两步反应中，第二个反应速率最慢，是控制步骤，催化剂对这步反应的加速能力取决于催化剂的活性。这步反应实际上是催化剂表面的 O^- 变成 O_2 分子脱附的过程，即电子向催化剂回输的过程。根据能带理论，p 型半导体利用价带中的空穴导电，n 型则利用导带中的电子导电；由于 p 型半导体的价带能量比 n 型半导体的导带能量低，更容易接受电子，有利于过程进行。同时由于第一步的进行，增加了 p 型电导，即增加准自由空穴，故亦有利于第二步的进行。因此，N_2O 的分解反应中，一般来说，p 型半导体催化剂活性比 n 型高。

4.3.2 金属氧化物催化剂的催化机理

4.3.2.1 金属和氧的键合与 M＝O 的类型

对于 Co^{2+} 的氧化键合

$$Co^{2+} + O_2 + Co^{2+} \longrightarrow Co^{3+} - O_2^{2-} - Co^{3+}$$

可以有三种不同成键方式形成 M-O 的 σ-π 双键结合：金属 Co 的 l_g 轨道（即 $d_{x^2-y^2}$ 与 d_z^2）与 O_2 的孤对电子形成 σ 键；金属 Co 的 l_g 轨道与 O_2 的 π 分子轨道形成 σ 键；金属 Co 的 t_{2g} 轨道（即 d_{xy}、d_{yz}、d_{xz}）与 O_2 的 π 分子轨道形成 π 键。M＝O 键合的形式过程（M. O. 表示分子轨道）如图 4.18 所示。

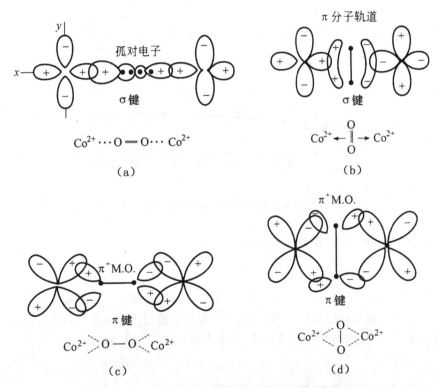

图 4.18 M＝O 键合的形式（M. O. 表示分子轨道）

4.3.2.2 M＝O 的键能与催化剂表面脱氧能力

1965 年,Sachter 和 De-Boer 提出,复合氧化物催化剂给出氧的趋势是衡量它是否能进行选择性氧化的关键。如果 M＝O 解离出氧（给予气相的反应物分子)的热效应 ΔH_D 小,则易给出,催化剂的活性高,选择性小;如果 ΔH_D 大,则难给出,催化剂活性低;只有 ΔH_D 适中,催化剂有中等的活性,但选择性好。为此,若能从实验中测出各种氧化物 M=O 的键能大小,则具有重要的意义。国外有学者利用在真空下测出金属氧化物表面氧的蒸气压与温度的关系,再以 $\lg p_{O_2}$ 对 $\dfrac{1}{T}$ 作图,可以求出相应 M=O 的键能。用 $B(kJ/mol)$ 表示表面键能,$S(\%)$ 表示表面单层氧原子脱除的百分数。以 B 对 S 作图,在 $S=0$ 处,即为 M=O 的键能值。如图 4.19 所示,为部分金属氧化物表面 M=O 的键能与 S 的关系。对于选择性氧化来说,金属氧化物表面键能 B 值大一些可能有利,因为从 M=O 脱除氧较困难一些,可防止深度氧化的可能。

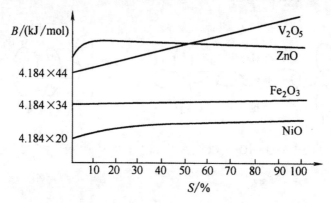

图 4.19　金属氧化物表面 M=O 键键能与 S 关系

研究人员认为,如果以化学反应过程

$$MO_n(固)\longrightarrow MO_{n-1}+\frac{1}{2}O_2(气)-Q_0$$

的热效应 Q_0 作为衡量 M=O 键能的标准,则 Q_0 与烃分子深度氧化速率之间,呈现火山型曲线关系。进一步的,研究人员通过大量的实验数据中总结出,用作选择性氧化的最好的金属氧化物催化剂,其 Q_0 值近于 $(50\sim60)\times4.184kJ/mol$。

4.3.2.3　晶格氧的催化循环

1954 年,人们在分析萘在 V_2O_5 上氧化制苯酐时提出了催化循环

$$M^{n+}-O(催化剂)+R\longrightarrow RO+M^{(n-1)+}(还原态)$$
$$2M^{(n-1)+}(还原态)+O_2\longrightarrow 2M^{n+}+O^{2-}(催化剂)$$

此催化循环称为还原-氧化机理。当时并未涉及氧的形态,可以是吸附氧,

也可以是晶格氧。以后的大量研究证明,此机理对应的为晶格氧,是晶格氧承担了氧化功能,对于许多复合氧化物催化剂和许多催化反应,当催化剂处于氧气流和烃气流的稳态下反应,纵使 O_2 供应中断,催化反应仍将继续一段时间,以不变的选择性进行反应。若催化剂还原后,其活性下降;当恢复供氧,反应再次恢复到原来的稳定状态。例如,采用同位素示踪法研究丙烯气相氧化成丙烯醛的催化反应,以 $Bi_2^{16}O_3-Mo^{16}O_3$ 为催化剂,用纯 $^{18}O_2$ 氧化丙烯,考察生成物中的氧,结果发现生成物中几乎见不到 ^{18}O。

$$CH_2=CH-CH_3 \xrightarrow{O_2} CH_2=CH-CH^{16}O$$

这表明晶格氧参与了反应。进一步研究证实,Bi_2O_3 中的氧参与了丙烯氧化反应而被消耗,并由 MoO_3 中的氧供给 Bi_2O_3,结果 MoO_3 被还原,它的不足氧再由气相氧补充而复原。根据实验结果可以概括出:

1)选择性氧化涉及有效的晶格氧。

2)无选择性的完全氧化反应,吸附氧和晶格氧都参加反应。

3)对于有两种不同阳离子参与的复合氧化物催化剂,一种阳离子承担对烃分子的活化与氧化功能,它们靠沿晶格传递的 O^{2-} 再氧化;使另一种金属离子处于还原态,承担接受气相氧,这就是双还原氧化(dual-redox)机理。

目前,人们正在进行烃类晶格氧选择氧化新工艺研究。新工艺采用催化剂的晶格氧作为烃类选择氧化的氧化剂,由于体系没有气相氧,故可减少深度氧化、大幅度提高反应选择性,不受爆炸极限限制,可提高原料浓度,反应产物易分离回收。所以,新工艺是控制深度氧化、节约资源和保护环境的新型绿色催化技术。

4.3.3　半导体 E_f 和 φ 对催化反应的影响

半导体掺杂,不仅改变半导体的导电性,而且还改变 E_f。对某些反应,E_f 的改变影响反应选择性,这种现象叫做调变作用。例如,丙烯氧化制丙烯醛的反应,此反应可以用 p 型 Cu_2O、n 型 Bi_2O_3-MoO_3 做催化剂。使用 Cu_2O 作催化剂时,通过调节丙烯与氧的比例或由气相引入 Cl^-,都会改变催化剂的 E_f 进而改变其选择性,调节 $E_f=0.5eV$ 时,催化剂选择性与活性最好。同样,调节 $Bi_2O_3-MoO_3$ 的 E_f 到约 $0.5eV$ 时,活性和选择性也最佳。这说明 E_f 的高低对反应选择性的影响存在最佳值。在这里还可以看出原料气组成对半导体催化剂性能的影响。

$$CH_2=CH-CH_3+O_2 \longrightarrow CH_2=CH-CHO+H_2O \longrightarrow CO_2$$

半导体的逸出功 Φ 对其催化反应选择性也产生重要影响。例如,同样是乙烯选择性氧化成丙烯醛的反应,采用 CuO 为催化剂,为了研究 Φ 对催化剂选择性的影响,用不同的杂质离子掺杂。结果发现,当掺入 SO_4^{2-} 和 Cl^- 后,由于二者的受主作用,使得 CuO 催化剂的 Φ 增加,生成丙烯醛的选择性提高;当掺入 Li^+、Cr^{3+}、Fe^{3+} 后,由于其施主作用,使得 CuO 的 Φ 减少,降低了生成丙烯醛的选择性。动力学研究表明,Φ 的增加,有利于降低生成丙烯醛反应的活化能和指前因子,而提高生产 CO_2 反应的活化能和指前因子,从而对反应选择性造成影响。

4.4　复合金属氧化物催化剂

4.4.1　尖晶石型复合金属氧化物催化剂

尖晶石型复合金属氧化物由于其独特的晶体结构和众多的物性一直吸引着科学家的注意。这主要是由于其晶体格子中 A 位离子和 B 位离子可以相互替换,由此可以更为方便地调节材料的磁性和各向异性。尖晶石是一种具有多种性质的材料,在诸多领域都有较高的应用价值,如颜料、磁性材料、陶瓷材料、防火材料和隐身材料等。

尖晶石由于其独特的结构和表面性质,作为催化剂或载体已在催化领域中得到广泛的应用。目前已在低碳烷烃催化脱氢制取低碳烯烃、丁烯氧化脱氢制丁二烯、CO 还原、F-T 合成、环己酮双聚反应、合成气制低碳醇、脱硫、脱水、异构化、丁烷氧化脱氢、碳氢化合物燃烧、乙苯脱氢等众多反应中显示了良好的性能并起着重要的作用。例如,由于其结构中存在着阳离子空位和表面能很大的棱、角等缺陷,且热稳定性好、表面酸性低,$ZnAl_2O_4$尖晶石是很有潜力的催化材料。国际上,Philps 公司开发的以锌铝复合金属氧化物为主体的催化剂已在低烷烃脱氢工艺上实现了工业化。国内川化股份有限公司催化剂厂开发的以锌铝复合金属氧化物为主体的催化剂已应用于以煤油及天然气为原料的中低压合成甲醇的工艺中,并很好地解决了传统催化剂的热稳定性差、选择性低、寿命短等问题。$MgAl_2O_4$ 尖晶石可以作为脱硫催化剂、环己酮双聚催化剂、萘重整催化剂载体、甲烷化催化剂载体、烷基苯酚胺化制烷基苯胺的催化剂载体。尖晶石型铁酸盐也是一类重要的催化剂。具有氧缺位的铁酸盐在催化气态氧化物反应后又转化为相应的铁酸盐,尖晶石结构不被破坏,经还原活化后又能恢复其活性,可反复使用。而且它具有选择性好、反应温度低、无副产物等优点,从而为 CO_2、SO_2 和 NO_2 等物质的转化和利用提供了一个有效的途径。

4.4.2　钙钛矿型复合金属氧化物催化剂

前文已经对钙钛矿型金属氧化物的晶体结构进行了讨论,这里接着讨论其催化氧化性能。关于钙钛矿型氧化物的催化氧化性能,是在 1952 年被发现的,而且实际的开发利用则是在 1970 年以后。1970 年,有人报道 $La_{0.8}Sr_{0.2}CoO_3$ 具有很高的催化活性,可与 Pt 催化剂对氧的电化还原相比较。与此同时,发现 Co- 和 Mn-钙钛矿型物是顺式-2-丁烯加氢和氢解的催化剂,也是 CO 气相氧化和 NO_x 还原分解的良好催化剂。据此认为,钙钛矿氧化物可能是电催化、催化燃烧和汽车尾气处理潜在可用的催化剂。与应用催化相并行,对钙钛矿型催化与固态化学之间的关联,开展了一系列的基础研究,得出了以下重要结论:

1)催化活性由 B 提供,A 无催化活性,二者结合或被其他离子取代后,基本晶格结构保持不变,常见的有 $A_{1-x}A'_xBO_3$、$AB_{1-x}B'_xO_3$、$A_{1-x}A'_xB_{1-y}B'_yO_3$ 等。

2)A 位和 B 位阳离子的特定组合与部分取代,会生成 B 位阳离子的反常价态,也可能是阳离子空穴和/或 O^{2-} 空穴。产生这样的晶格缺陷后,会修饰氧化物的化学性质或传递性质,这种修饰会直接或间接地影响它们的催化性能。

3)在 ABO_3 型氧化物催化剂中,体相性质或表面性质都可与催化活性关联。

4)影响 ABO_3 钙钛矿型氧化物催化剂吸附和催化性能的另一个关键因素是其表面组成。

钙钛矿型氧化物用作催化燃烧型催化剂,已有大量的研究工作。所有此类催化剂在 A 位含有稀土元素,尤其是 La;在 B 位含有 3d 过渡金属,特别是 Co 与 Mn。用于部分氧化的反应类型有:脱氢反应,如由醇制醛、由烯烃制二烯烃;脱氢羰化或腈化反应,如由烃制醛、腈;脱氢偶联反应,如甲烷氧化脱氢偶联成 C_2 烃。

4.5　金属氧化物催化剂的应用实例

金属氧化物因其特殊的结构和性质在催化领域有着广泛的应用,接下来简要分析几个金属氧化物的典型应用实例。

4.5.1 C₃烃氨氧化制丙烯腈复合氧化物催化剂

丙烯与氧、空气(或氧气)的混合物经预热,以一定流速通过一定温度的催化剂,生成丙烯腈的反应过程称为氨氧化反应。产物丙烯腈的用途很广,是合成纤维、合成橡胶以及塑料和有机合成的重要原料,大部分用于合成丙烯腈纤维。

4.5.1.1 丙烯氨氧化催化剂体系

丙烯氨氧化催化剂种类繁多,根据催化剂基础组分是氧化钼还是氧化锑可分为如下两大类:

1)钼酸盐。钼酸盐催化剂中包括钼铋铁系、钼铋钨系、钼铋锑系、钼铈碲系、钼铋钴系等。

2)锑酸盐类。锑酸盐催化剂中包括锑锡系、锑铀系、锑铁系等。

目前,全球丙烯腈生产几乎都采用 Sohio 丙烯氨氧化工艺,工艺路线日趋成熟,催化剂体系也不断发展,随着近半个世纪的研究开发,丙烯腈催化剂已发展了多代。其中,约 90% 的丙烯腈工业装置使用的是钼铋铁系催化剂,只有少数工厂使用锑铁系和锑铀系催化剂。

我国丙烯腈生产起步于 1968 年,到 2000 年生产能力已达 570kt/a,仅次于美国和日本,居世界第三位。在催化剂开发方面,上海石油化工研究院、上海石化股份公司做了不懈的努力,如上海石油化工研究院开发研制出 MB-82 和 MB-86 催化剂体系,以及新一代 MB-96(A)催化剂,上海石化股份公司研制的 CTA5 及新一代 SAC-2000 丙烯腈催化剂都显示了较好的性能,这类催化剂具有制作简单、活性高、烃与空气比值高、反应温度降低、氨转化率高、产品收率高等特点。目前,国产催化剂已经逐步代替进口催化剂。

4.5.1.2 丙烷直接氨氧化催化剂体系

由于丙烷的价格远低于丙烯,国外一些丙烯腈生产厂开始探索丙烷氨氧化制备丙烯腈新工艺,并探索新的催化剂体系。早在 1961 年,就已有研究者从热力学上证实了以丙烷为原料生产丙烯腈的可行性;1964 年,报道了第一项丙烷氨氧化制丙烯腈专利,使用的催化剂体系是由含有 W 和 Sn 的氧化物所构成,催化活性不高。目前,丙烷氨氧化催化剂主要有四类,即锑酸盐、钼酸盐、V-Al-O-N 和 Ga/H-ZSM-5 体系,其中锑酸盐和钼酸盐被普遍认为是最具有应用前景的两类丙烷氨氧化催化剂体系。

其中,Sohio/BP 公司开发的锑酸盐体系催化剂 Sb-V-Al-W-Sn-Te-O$_x$ 使丙烷转化率达 77%,使丙烯腈选择性达 49%,收率达 39%。近年来,发现一种锑系催化剂 Ga-Sb-Ni-P-W-O/SiO$_2$ 丙烯腈产率高达 55%。钼酸盐体系催化剂以 Mitsubishi 公司研制的 Mo-V-Nb-Te-O$_x$ 为代表,丙烷转化率高达 89%,丙烯腈选择性达 70%,收率高达 62%。钼酸盐体系中的 Bi-Mo 系催化剂是由丙烯氨氧化催化剂改性而成,该催化剂脱氢能力比较差,活性较低,丙烯腈选择性仅有 50%~67%。Mo-V 系催化剂被认为是最有希望应用到工业化生产的催化剂之一,是近些年来研究的热点,主要以 Mo-V-Nb-Te-O$_x$ 为主。我国在丙烷氨氧化方面的研究报道较少,浙江大学和大庆石油学院曾经报道过采用 V-Sb 催化剂体系进行丙烷氨氧化制丙烯腈的一些研究工作,但与国外最好的研究结果相比,还存在着一定的差距。

英国石油公司(BP)认为,21 世纪丙烷氨氧化工艺有可能代替丙烯氨氧化工艺。从价格来看,丙烷有明显的成本优势,但现阶段除了工艺过程需要改进以外,开发出收率更高的催化剂仍是丙烷氨氧化工艺的关键所在。

4.5.2　催化氧化制顺丁烯二酸酐

4.5.2.1　顺酐生产工艺

顺丁烯二酸酐又名马来酸酐或 2,5-呋喃双酮,简称顺酐,是一种重要的基本有机原料,是仅次于苯酐、醋酐的第三大酸酐。主要用于生产不饱和聚酯、醇酸树脂,以顺酐为原料还可以生产 1,4-丁二醇、γ-丁内酯、四氢呋喃、马来酸、富马酸和四氢酸酐等一系列重要的有机化学品和精细化学品,广泛应用于石油化工、农药、医药、染料、纺织、食品、造纸及精细化工等领域。

按原料路线来分,目前工业化生产顺酐主要有苯催化氧化法、正丁烷催化氧化法、C$_4$ 烯烃催化氧化法。1970 年,日本三菱化学开发了以含丁二烯的 C$_4$ 馏分为原料的流化床氧化工艺,建成 20kt/a 的工业装置;1974 年,美国 Monsanto 公司开发了以正丁烷为原料的固定床氧化工艺;20 世纪 80 年代中后期,日本三菱化学、英国 BP 公司和意大利 Alusuisle 公司相继开发了以正丁烷为原料的流化床氧化工艺。该技术的特点是催化剂颗粒在流化床中的流态化运动形成等温操作,不形成热点区。如图 4.20 所示,为美国 Lummus 公司和意大利 Alusuisle 公司联合开发的正丁烷流化床溶剂吸收工艺(即 ALMA 工艺)。该工艺中正丁烷在流化床氧化反应器中氧化成顺酐,然后在溶剂吸收塔中采用溶剂二异丁基-六氢化邻苯二甲酯选择性吸附顺酐。由于选用的溶剂对顺酐的选择性高,耐热和化学性质稳定,沸点高于顺酐,在回收中蒸出即可。

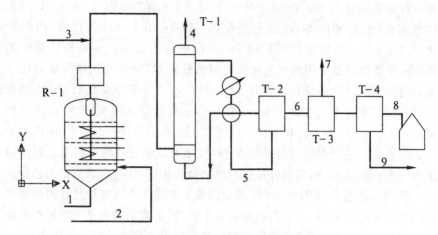

图 4.20　流化床制备顺酐工艺

R-1—氧化反应器;T-1—溶剂吸收塔;T-2—溶剂分离塔;T-3—低沸物分离塔;

T-4—精制塔;1—空气;2—丁烷;3—空气;4—废气;5—循环溶剂;

6—粗 MA;7—低沸物;8—成品 MA;9—高沸物(返回回收系统)

由于正丁烷价格相对低廉,且环境污染小,因而近年来发展迅速。20世纪 80 年代全球苯氧化法占 80%左右,1995 年正丁烷法氧化占 70.3%,而苯氧化法仅为 25.7%,其余为苯酐的联产。1988 年,天津中河化工厂引进美国 SD 公司正丁烷同定床氧化工艺建成我国第一套正丁烷氧化的顺酐生产装置,其生产能力为 10kt/a。1996 年,山东东营胜化精细化工有限公司引进 ALMA 正丁烷流化床氧化工艺,建成规模为 15kt/a 的生产装置。这些工艺都采用焦磷酸氧钒(VPO)催化剂。

4.5.2.2　焦磷酸氧钒(VPO)催化剂结构和催化机理

正丁烷和空气(或氧气)在 VPO 催化剂上气相氧化生成顺酐。其反应式为

$$C_4H_{10}+7/2O_2 \longrightarrow C_4H_2O_3+4H_2O,\Delta H=-1261kJ/mol(主反应)$$
$$C_4H_{10}+11/2O_2 \longrightarrow 2CO+2CO_2+5H_2O,\Delta H=-2091kJ/mol(副反应)$$

VPO 催化剂是一类较复杂的催化剂体系,迄今对于催化氧化反应历程、催化剂的本质、所涉及的活性等尚未完全搞清楚。正丁烷在 VPO 催化剂上部分氧化制备顺酐涉及 4 个电子的转移,包括 8 个氢原子的脱去和 3 个氧原子的插入,按氧化还原机理进行。梁日忠等在 DRIFTS 研究

中检测到了呋喃,同时推断中间产物呋喃在生成顺酐前可能经过了开环
形成含羧基的非环状不饱和物种的过程,因此提出了如图 4.21 所示的反
应机理。

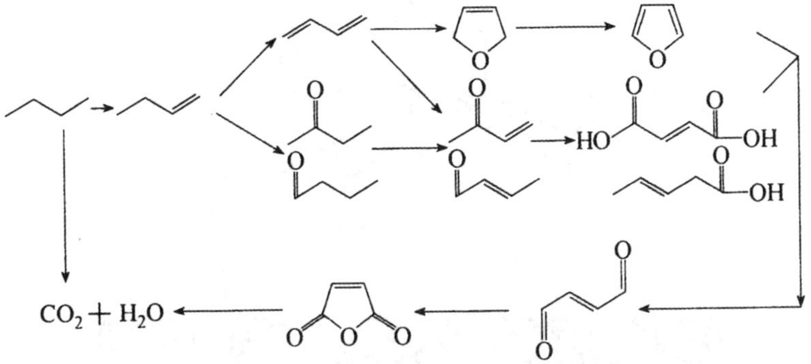

图 4.21　正丁烷在 VPO 催化剂上选择氧化反应机理

大多数研究者认为,在 VPO 催化剂上正丁烷部分氧化制备顺酐主要
经历如图 4.22 所示的步骤。

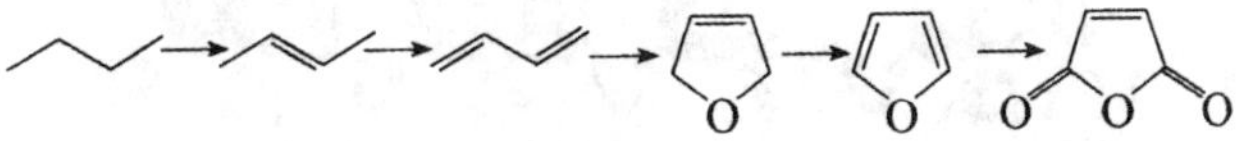

图 4.22　正丁烷在 VPO 催化剂上氧化生成顺酐的过程

在图 4.22 所示的步骤中,第一步为正丁烷脱氢生成正丁烯,反应较难
进行,是整个过程的控制步骤,该反应需要大量的四价钒,而历程中的中间
化合物在正丁烷制备顺酐反应条件下非常容易生成,需要少量的五价钒。
因此,在这个过程中,必须有四价钒和五价钒的氧化还原对存在,才会使反
应向生成顺酐的方向进行。

Pepera 等还利用氧原子同位素标记实验证明 VPO 催化剂的表面晶
格氧是活性氧物种。在 VPO 催化剂的不同物相中,最重要的活性相是
$(VO)_2P_2O_7$,其晶体结构如图 4.23 所示,而且 $(O2O)$ 晶面是
$(VO)_2P_2O_7$ 的活性表面,$(VO)_2P_2O_7$ 存在 α、β、γ 三种异构体。活性和选
择性的考查结果表明,活性顺序:$\beta > \gamma > \alpha$;选择性顺序:$\alpha > \gamma > \beta$。当在氧
化活性高、顺酐选择性低的 β 相内加入过量磷元素后,催化剂活性下降,
选择性升高。

$VOPO_4$ 相也是丁烷氧化制备顺酐过程中重要的活性相,只有在两者
的协同作用下,才可对正丁烷进行有效活化,但是两者的比例要控制合
适,否则会使丁烷转化率过低或者发生深度氧化副反应。五价钒的作用

发生在氧的植入步骤,并提出丁烷的活化需要与氧物种联系的五价钒活性位。

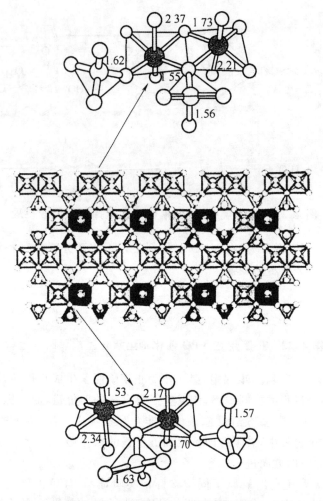

图 4.23　$(VO)_2P_2O_7$ 的晶体结构

在 VPO 催化剂选择氧化正丁烷制备顺酐的反应过程中,V^{4+} 首先被分子氧氧化为 V^{5+} 并随之失去了活化正丁烷分子的活性,接下来的反应多是由 V^{5+} 参与进行的,如图 4.24 所示。正丁烷被活化的第一步是 VPO 催化剂上 V^{5+} 位的 O-O 键参与脱去正丁烷分子的 2,3 碳位上的氢原子。整个反应可能的机理如图 4.25 所示。

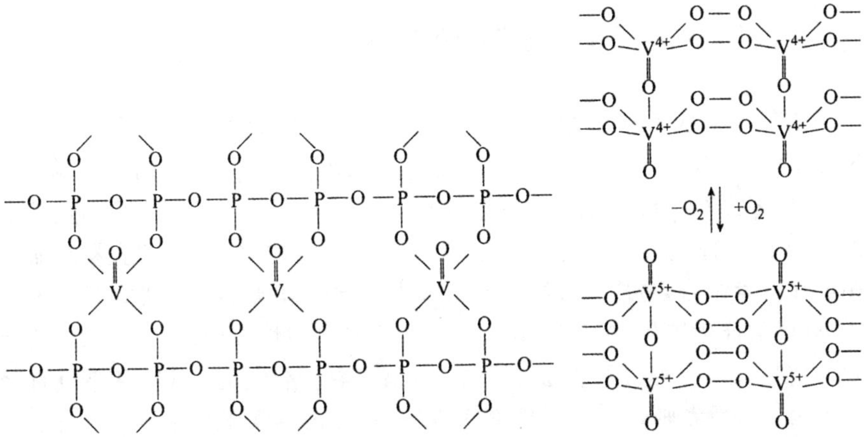

（a）典型结构　　　　　　　　（b）活性中心模型

图 4.24　VPO 催化剂

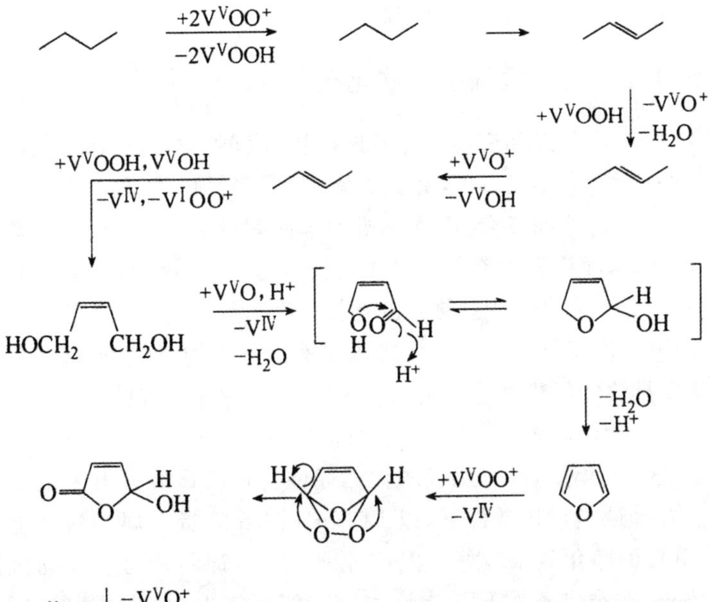

图 4.25　(VO)₂P₂O₇ 催化氧化制备顺酐反应路径

4.5.3　NO$_x$净化催化剂及应用实例

氮氧化物是污染大气的主要物质之一,其种类多种多样,主要有 N$_2$O$_5$、N$_2$O$_4$、N$_2$O$_3$、N$_2$O$_2$、NO 和 NO$_2$ 等,总称为 NO$_x$。污染大气的主要是 NO 和 NO$_2$,按 NO$_2$ 计算,全世界每年排入大气中的 NO$_x$ 约为 0.53 亿吨,其中约 90% 由各种燃料燃烧过程产生,且 NO 占 90% 左右。NO 很容易与血液中的血红素结合,造成血液缺氧而引起中枢神经麻痹,因此,研究开发废气中 NO$_x$ 的催化转化成为当前国际上的热点和挑战性课题。消除 NO$_x$ 的催化法包括催化分解法和催化还原法。前者是在催化剂的作用下将 NO 直接分解为 N$_2$,后者则是用还原剂(CO、低碳烃等)把 NO 还原为 N$_2$。由于 NO 的全分解温度过高,且实际环境中 NO 往往与某一种或几种还原性气体(CO、低碳烃等)共存,所以催化还原法是人们公认的有应用前景的消除 NO$_x$ 的方法。目前,研究较成熟的脱除 NO$_x$ 催化剂有贵金属催化剂、新型分子筛催化剂和金属氧化物催化剂。

4.5.3.1　汽车尾气净化催化剂

近年来,城市建设和交通事业发展很快,汽车尾气对城市大气的污染日趋严重。20 世纪 90 年代以来,由于发展中国家经济的发展,汽车保有量迅速增加。据统计,截至 2017 年底,我国机动车保有量达 3.10 亿辆,机动车驾驶人达 3.85 亿人,而汽车保有量达 2.17 亿辆,与 2016 年相比,全年增加 2304 万辆,增长 11.85%,仍然保持强劲的增长。汽车数量的增长使汽车排放的污染物总量增多,汽车排气占空气污染源比例日益增加,环境遭破坏程度日益严重。汽车排放的污染物主要有 CO、HC、NO$_x$、SO$_2$、碳颗粒物(铅化物和黑烟)及 O$_3$ 等。而汽车尾气中 NO$_x$ 的去除是其中重要的一个方面。

在过去几十年里,汽车尾气净化三效催化剂的研究和开发取得了很大的成功。在理论空燃比条件下,以 Pt、Pd 和 Rh 等贵金属为活性组分的催化剂对 NO$_x$ 的净化效果较好。但这种催化剂对原料成分和发动机设计有苛刻的要求,在贫燃条件下不能有效工作,当尾气中 O$_2$ 含量为 0.5% 时,三效催化剂对 NO$_x$ 的还原活性降为零。在国内,很多单位大力开发不含贵金属的稀土—过渡金属族的金属复合氧化物催化剂,取得了一定的进展,如有研究者以不含贵金属的稀土—过渡金属四元复合氧化物为催化剂,模拟汽车尾气的组成含量,运用连续流动式反应器,研究了四元复合氧化物 La$_{0.5}$Sr$_{0.5}$Ni$_{1-x}$Cu$_x$O$_3$ 系列($x=0\sim1.0$)处理 CO 和 NO$_x$ 的反应过程及在该过程进行条件下它的抗硫中毒能力。实验结果表明,钙钛矿型四元复合氧化

物催化剂 $La_{0.5}Sr_{0.5}Ni_{0.5}Cu_{0.5}O_3$ 对 CO 和 NO_x 的氧化还原消除反应都具有较高的活性。

4.5.3.2　工业废气中 NO_x 净化催化剂

燃煤锅炉烟气中 NO_x 的治理技术可分为还原法、分解法和氧化法三类。还原法将 NO_x 变为无害的 N_2 和 H_2O,目前已商业化,还原剂主要是 NH_3,其催化剂有贵金属、钒-钛氧化物和分子筛三类。该法用于锅炉烟气治理 NO_x,其投资和操作运行费用都很大。分解法是将 NO_x 分解为无害的 N_2 和 H_2O,催化剂主要为 Cu/ZSM-5,最佳活性温度为 500℃ 左右,但对于锅炉烟气,由于氧含量较高,催化剂的稳定性和效率都较低,商业化前景较小。氧化法是将 NO 氧化为 NO_2,使 NO_x 中的 x 大于 1.5,便于采用化学吸收的方法回收烟气中的 NO_x,使之进一步变为有用的产品。氧化法又分为催化法和非催化法。总体比较这三种方法,氧化法在经济上是最具前途的。

催化法以烟气中的 O_2 为氧化剂,日本学者高安正躬等研究了 γ-Al_2O_3 负载的过渡金属氧化物和贵金属催化剂对 NO 催化氧化的活性,并考察了 SO_2 和 H_2O 的影响。Karlsson 和 Rosenberg 进一步研究了 SO_2 对 NO 催化氧化的影响,Brandin 等研究了 H_2 丝光沸石催化氧化 NO 的动力学。Mochida 等研究了活性炭纤维对 NO 氧化的催化作用。华东理工大学系统研究了 γ-Al_2O_3,负载的过渡金属氧化物催化剂对 NO 的催化氧化性能,揭示了反应机理,并提出了反应动力学模型,其催化氧化装置如图 4.26 所示。

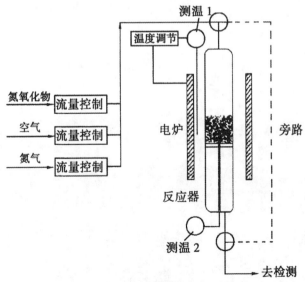

图 4.26　NO 催化氧化实验装置

通过图 4.26 可以得出,在 300℃ 条件下,γ-Al_2O_3 负载的过渡金属氧化物催化剂的 NO 氧化活性顺序为:Mn>Cr>Co>Cu>Fe>Ni>Zn,并给出 MnO_2/γ-Al_2O_3 气催化剂的动力学参数。

Shimizu 等研究了在 Ga_2O_3/Al_2O_3、Cu-Al_2O_3 和 Ag-Al_2O_3 等催化剂上烃类选择还原 NO_x。结果发现,Al_2O_3 负载 Ga_2O_3 催化剂及 Ga_2O_3-Al_2O_3 复合氧化物催化剂均表现出较好的活性和选择性,如 Ga_2O_3/Al_2O_3 催化剂上,在低于 723K 时,和 NO 反应的 CH_4 超过 80%,这一结果优于负载型金属催化剂 Ga-ZSM-5。

第5章　络合催化剂及其催化作用

　　络合催化,是指催化剂在反应过程中对反应物起络合作用,并且使之在配位空间进行催化的过程。催化剂可以是溶解状态,也可以是固态;可以是普通的化合物,也可以是络合物,包括均相络合催化和非均相络合催化。

5.1　均相络合催化剂的应用及特征

　　均相络合催化在石油化工和精细化工产品的制造过程中具有十分重要的地位。均相催化反应具有条件缓和,催化剂活性高、选择性好、制备重复性好,反应机理比较容易认识清楚等优点,但也具有明显的缺点:均相络合催化剂价格较贵,反应后催化剂存在较复杂的分离回收的工艺步骤。本节主要介绍一些已实现工业化的重要均相络合催化反应。

5.1.1　烯烃氢甲酰化反应

　　烯烃氢甲酰化反应是工业生产应用较多的均相络合催化反应。通过烯烃氢甲酰化反应可合成醛,再进一步可加氢生产醇或氧化生产羧酸。其化学反应如下:
$$RCH{=}CH_2+CO+H_2 \longrightarrow RCH_2CH_2CHO+RCH(CH_3)CHO$$
　　这类反应的催化剂一般有以下几种:羰基钴催化剂,叔膦改性的羰基钴催化剂,油溶性铑膦络合催化剂和水溶性铑膦络合催化剂。目前用得较广泛的是铑膦络合催化剂。
　　铑膦络合催化剂在烯烃氢甲酰化反应中的机理一般有以下两种:一是解离催化循环;二是缔合催化循环。图5.1所示是铑膦络合催化剂在氢甲酰化过程中的解离催化循环过程。在解离循环过程中,一个三苯基膦配体(B)首先从络合物(A)上解离出来。接着烯烃配位(C)和氢转移形成烷基配位的中间物(D),再经 PPh₃ 配位(E)和 CO 插入反应生成酰基化合物中间体(F),随后经氢配位(G)和还原消去反应(H)生成产物醛。同时,催化剂中间物在合成气氛下再转化为起始的（A），完成催化循环。

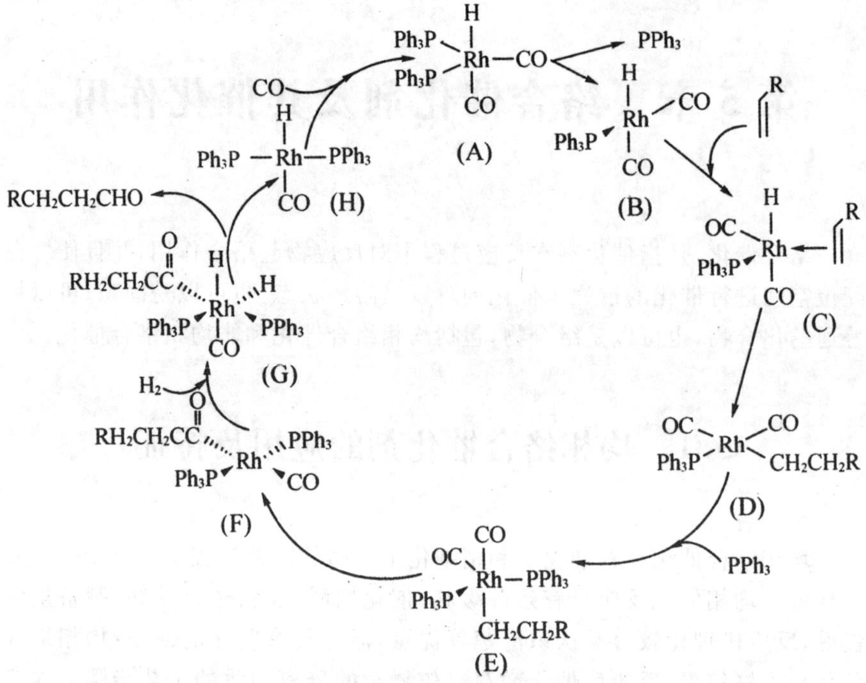

图 5.1　铑膦络合催化剂在氢甲酰化过程中的解离催化循环过程

图 5.2 所示是铑膦络合催化剂在氢甲酰化过程中的缔合催化循环过程。在缔合循环中，烯烃首先配位到络合物（A）上生成（E）。这一过程可能涉及先解离 1 个 CO 配体，再经氢转移生成（E），然后经历类似解离机理的催化循环过程。缔合与解离机理的主要差别是在缔合催化循环中，铑上从未有少于 2 个叔膦配体配位的状态。

5.1.2　烃类氧化反应

均相催化反应最大规模的应用是分子氧氧化烃类。在烃类氧化过程中，形成氢过氧化物，而催化剂则通过催化分解氢过氧化物，增加所需产物并促进自由基物种的产生以引发烃和氧之间的自由基链接。

典型的例子有对二甲苯氧化酯化反应的 Dynamit Nobel 过程，如图 5.3 所示。

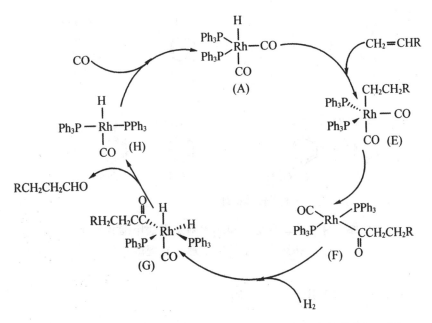

图 5.2　铑膦络合催化剂在氢甲酰化过程中的缔合催化循环过程

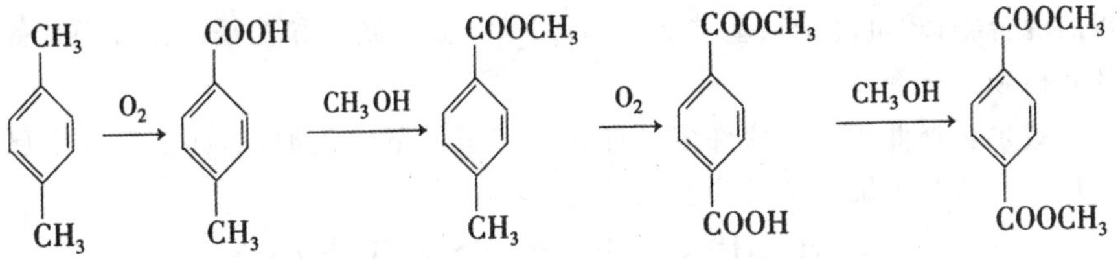

图 5.3　对二甲苯氧化酯化反应

该过程有两种引发机理：

（1）电子从芳烃转移到钴（Ⅲ）离子上，得到芳烃自由基正离子。这种离子失掉质子，生成苄基自由基。

（2）苄基氢可以用溴原子、R·、RO·和ROO·自由基，甚至可由双氧络合物提取。

图 5.4 所示为 Dynamit Nobel 过程中对二甲苯和对甲基苯甲酸甲酯共氧化中反应电子转移机理和氢提取机理示意图。在电子转移机理中产生的对甲基苄基自由基与 O_2 反应产生烷基过氧自由基。这些活性组分进一步攻击对甲基苯甲酸甲酯的对位甲基提取氢并产生新的自由基，从而引发新的循环。

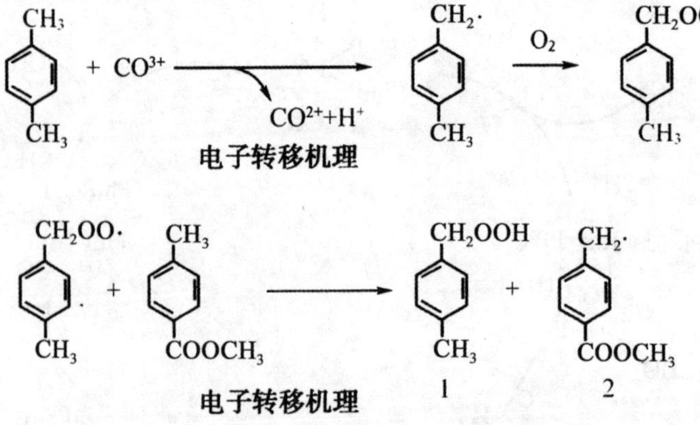

图 5.4 对二甲基苯和对甲基苯甲酸甲酯共氧化
中反应电子转移机理和氢提取机理

5.1.3 不饱和烃加氢反应

不饱和烃加氢反应常用的催化剂主要有四类：①威尔金森催化剂 RhCl(PPh$_3$)$_3$ 和与之密切相关的[Rh(双烯)(PR$_3$)$_2$]$^+$络合物；②氯化铂和氯化锡的混合物；③负离子氰基钴催化剂；④从过渡金属盐和烷基铝化合物制备的齐格勒催化剂。

威尔金森催化剂可使许多烯烃在温和条件下催化加氢，如在工业上已应用于二氰基丁烯加氢成为己二腈的生产：

$$NCCH_2CH=CHCH_2CN \longrightarrow NC(CH_2)_4CN$$

此外，工业上用 H$_2$PtCl$_6$ 和 SnCl$_2$·2H$_2$O 在甲醇中反应生成深红色的含有[Pt(SnCl$_3$)$_5$]$^{3-}$化合物的溶液来用于植物油加氢。而负离子氰基钴催化剂对彼此共轭或与羰基、氰基或苯基共轭的 C=C 键具有加氢选择性。

齐格勒催化剂用于不饱和聚合物的加氢反应。这些催化剂体系是通过把烃类和过渡金属的可溶性络合物与烷基铝化合物的烷烃溶液混合起来制备的。典型的有乙酰基丙酮钴或 2-乙基己酸钴与三乙基铝或三异丁基铝配合使用。烷基锂试剂常常能成功地替代容易自燃的烷基铝化合物。这些混合物是一些含有某些胶态金属的对空气敏感的深色溶液。由于这些催化剂具有高活性的烷基—金属键，所以它们可以和羟基及羰基这样的功能团起反应。如齐格勒催化剂 FeCl$_3$-Al(i-Bu)$_3$-phen 体系催化丁二烯聚合反应时，齐格勒催化剂参与了丁二烯的活化过程。丁二烯在活性位空位上配位,Fe—R 键断裂形成较稳定的 π-烯丙基,由活性位转化为活性物种,完成链引发。

5.1.4　甲醇羰化合成乙酸

甲醇羰基化催化合成乙酸是一个重要的化工过程。甲醇羰基化催化剂是三苯基膦羰基氯化铑,反应体系中包括 CO、甲醇、催化剂、碘甲烷,以及溶剂(乙酸)。其反应机理由碘甲烷的氧化加成,CO 插入 Rh-甲基键,及乙酰基碘的还原消去几步构成。乙酰基碘进一步与甲醇反应生成乙酸和碘甲烷,后者又进入催化循环。这一过程可表示为

$$CH_3OH + HI \longrightarrow CH_3I + H_2O$$
$$Rh(CO)Ln + CH_3I \longrightarrow CH_3RhI(CO)Ln$$
$$CH_3RhI(CO)Ln + CO \longrightarrow CH_3CORhI(CO)Ln$$
$$CH_3CORhI(CO)Ln \longrightarrow CH_3COI + Rh(CO)Ln$$
$$CH_3COI + H_2O \longrightarrow CH_3COOH + HI$$
$$CH_3COI + CH_3OH \longrightarrow CH_3COOH + CH_3I$$

动力学研究证明,甲醇羰基化对铑及碘甲烷均为一级,对 CO 为零级,也就是说,碘甲烷的氧化加成是速率控制步骤。

5.1.5　均相络合催化剂的特点

均相催化与多相催化各有其优缺点,两者的发展也是相互促进的,然而从催化技术的发展上来说,均相催化有着较为突出的特点,表现如下:

(1)高选择性。通常固体催化剂的表面是极不均匀的,因此在其表面上还存在着多种类型的活性中心;同时,对于结构复杂的反应物分子而言,极有可能多个官能团同时被吸附到固体表面上,并且都处于有利反应的状态;又由于固体催化剂在孔道内的扩散作用,这极有可能引起多种反应的同时发生,从而影响反应的选择性。而均相催化剂在反应中呈分子状态存在,具有相同的性质;由于催化剂的分子直径比较小,对于结构比较复杂的反应物分子而言,不可能所有的官能团都能靠近某一个催化剂的分子,同时又没有内扩散的影响,因此均性催化极有极好的选择性。

(2)反应条件比较温和。一般条件下,均相催化反应可以在比较温和的条件下发生,即不需要太高的反应温度与反应压力。

(3)对反应的机理研究的比较深入。目前对于均相催化剂的研究已经处于分子级别,因此对于活化中心的研究比固体催化剂的复杂表面研究更

为有利。与此同时,在数据获取方面,均相系统比多相系统更为直接可靠。从而为探讨和认识催化机理提供了非常有利的条件,因此在新催化系统的预见和设计方面比多相催化系统更为有利。

虽然均相催化有很多的优点,但是也会存在一定的缺点,主要表现为分离困难、容易腐蚀、催化剂的热稳定性差且催化剂的成本较高。

怎样将均相催化的优点发挥到最大,并克服其缺点也是一个非常重要的课题,近年来人们对均相催化剂的固相化研究取得了较好的效果。

5.2 过渡金属离子的化学键合

5.2.1 络合催化中重要的过渡金属离子与络合物

过渡金属(T. M.)原子的价电子层有$(n-1)d$轨道,它的能量与 ns、np 轨道非常接近,因此可作为价层的一部分。通常空的$(n-1)d$轨道可以与配位体 L(CO、C_2H_4 等)形成配键($M \leftarrow :L$),也可以与 H、R-基形成 M-H、M-C 型 σ 键,对于络合反应来说,生成具有 M-H、M-C 型 σ 键的中间物具有十分重要的意义。由于$(n-1)d$轨道或 nd 外轨道参与成键,因此 T. M. 有不同的配位数和价态,并且其配位数与价态容易发生改变,这一点对于络合催化的过程循环十分必要。虽然目前的研究还不能明确究竟哪一种 T. M. 对哪些类型的催化最为有效,但是也取得了一些阶段性的成果。

(1)可溶性的 Rh、Ir、Ru、Co 的络合物对单烯烃的加氢特别重要。

(2)可溶性的 Rh、Co 的络合物对低分子烯烃的羰基合成最重要。

(3)Ni 的络合物对于共轭烯烃的低聚较重要。

(4)Ti、V、Cr 的络合物催化剂适用于 σ-烯烃的低聚和聚合。

(5)第Ⅷ族 T. M. 元素的络合催化剂适用于烯烃的双聚。

以上这些,可作为研发工作者的参考。

5.2.2 配位键合与络合活化

各种不同的配位体与 T. M. 相互作用时,根据各自的电子结构特征建立不同的配位键合,配位体自身得到活化。具有孤对电子的中性分子与金属相互作用时,利用自身的孤对电子与金属形成给予型配位键,记为

L→M,如:NH$_3$、H$_2\ddot{O}$。给予电子对的 L:称为 L 碱,接受电子对的 M 称为 L 酸。M 要求具有空的 d 或 p 空轨道,如 H·、R· 等自由基配位体。与 T. M. 相互作用,形成电子配对型 σ 键,记为 L-M。金属利用半填充的 d,p 轨道电子,转移到 L 上并与 L 键合,自身得到氧化。带负电荷的离子配位体,如 Cl$^-$、Br$^-$、OH$^-$ 等,具有一对以上的非键电子对,可以分别与 T. M. 的两个空 d 或 p 轨道作用,形成一个 σ 键和一个 π 键,如图 5.5 所示。

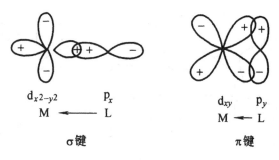

图 5.5　d 键和 π 键的形成

这类配位体称为 π 给予配位体,形成 σ-π 键合。具有重键的配位体,如 CO、C$_2$H$_4$ 等与 T. M. 相互作用,也是通过 σ-π 键合而配位活化。经过 σ-π 键合的相互作用后,总的结果可以看作为配位体的孤对电子、σ 电子、π 电子(基态)通过金属向配位自身空 π* 轨道跃迁(激发态),分子得到活化,表现为拉长,乙烯拉长,可以用气相 X 射线分析、IR 谱或 Raman 谱得以证明。对于烯丙基类的配位体,其配位活化可以通过端点碳原子的 σ 键型活化,也可以通过大 π 键型活化。这种从一种配位型变为另一种配位型的配体,称为可变化的配位体,对于络合异构化反应很重要。还有其他类型的配位体活化。

5.3　络合催化循环

5.3.1　络合催化加氢

以 C$_2$H$_4$ 在 [L$_2$RhCl]$_2$ 催化剂作用下的络合加氢生成乙烷为例加以说明络合催化循环遵循一个经验规则,即 18 电子(或 16 电子)规则,它是在 1972 年由 Tolman 概括得出的。过渡金属络合物,如果 18 电子为价层电子,则该络合物特别稳定,尤其是有 π 键配位体时会如此。不难理解该规则的存在,因为过渡金属价层共 9 个价轨道,其中 5 个为 $(n-1)d$、3 个为 np、1 个为 ns,可容纳 18 个价层电子。具有这样价电子层结构的原子或离子最为稳定。该经验规则不是严格的定律,可以有例外,如 16 个价层电子就是如此。

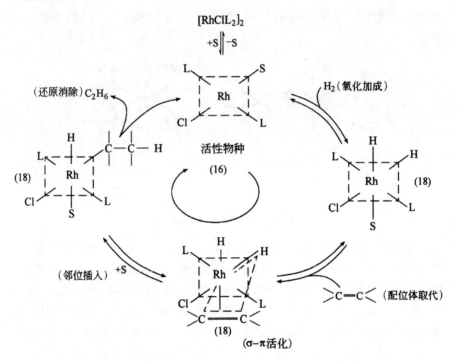

18 电子的计算方法比较简单,金属要求计入价电子总数,共价配体拿出一个电子,配价配体拿出一对电子,对于离子型配体要考虑其电荷数。例如

$Cr(CO)_6$:Cr^{6+},每个 CO 有一对电子,共 18 个电子;

$Fe(C_2H_5)_2$:Fe^{8+},每个 C_5H_5 有 5 个电子,共 18 个电子;

$[Co(CN)_6]^{3-}$:Co^{3+},每个 CN 有一对电子,有 3 个负电荷,共 18 个电子。

络合加氢,除上述的简单加氢之外,尚有二烯烃和杂环等选择性加氢、不对称加氢等多种类型。下面再以丁二烯选择性加氢制丁烯的络合催化循环为例予以说明。

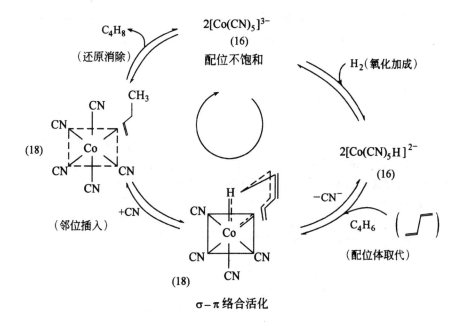

σ-π 络合活化

5.3.2　合催化氧化

以乙烯络合催化氧化为乙醛为例加以说明。该过程涉及 Pd^{2+}/Pd 与 Cu^{2+}/Cu^+ 两种物质,联合起催化作用,缺一不可,互称共催化剂,即共催化循环。反应式如下。

$$PdCl_2 + C_2H_4 + H_2O \longrightarrow 2HCl + CH_3CHO + Pd$$
$$Pd + 2CuCl_2 \longrightarrow 2CuCl + PdCl_2$$
$$Cu_2Cl_2 + 2HCl + \frac{1}{2}O_2 \longrightarrow 2CuCl_2 + H_2O$$

三式相加,总的结果为

$$C_2H_4 + \frac{1}{2}O_2 \xrightarrow{PdCl_2/CuCl_2(aq)} CH_3CHO$$

其络合催化循环如下。

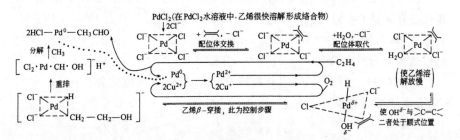

此共络合催化循环中,包括 Pd^{2+}/Pd^0 与 Cu^+/Cu^{2+} 两对金属之间的共循环和乙烯生成乙醛的氧化循环,是一种比较复杂的催化氧化体系循环。

5.3.3 络合异构化

异构化有骨架异构和双键位移两类,此处仅以双键位移为例进行说明。例如,有一端点双键烯烃,在 $Rh(CO)(pph_3)_3$ 催化剂的络合催化作用下,异构成同碳数的内烯烃。此过程机理涉及 M-烯丙基物种的 σ-π 调变和 1,3-H 位移,可以用 1H-NMR 谱证明。反应步骤为

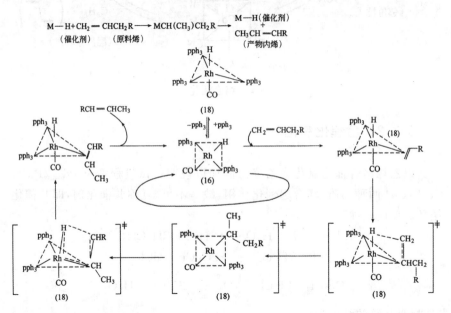

5.3.4 羰基合成、氢甲酰化

从合成气(CO/H_2)或 CO 出发,对烯烃进行氢甲酰化(也称氢醛化)或羰化是有重要工业意义的。反应温度为 $100\sim180℃$,压力为 10MPa,CO/H_2 为 $1.0\sim1.3$,催化剂为 $Co_2(CO)_8$,介质溶剂为脂肪烃、环烃或芳烃,反应物高碳烯烃本身就是介质。

$Co_2(CO)_8$ 中的 Co 形式上为零价,因为 CO 为配位键合。在 H_2 存在下,有下述平衡关系

$$Co_2(CO)_8 + H_2 \rightleftharpoons 2HCo(CO)_4$$

$HCo(CO)_4$ 是催化反应真正的活性物种,在室温常压下为气态,慢冷至 $-26℃$ 为亮黄色固性,易溶于烃,略溶于水。在 $1MPa$、$120℃$ 下维持其稳定性;若为 $200℃$,要 $10MPa$ 维持。它极具毒性,要预先练习操作才能使用,不然很危险。红外光谱 NMR 谱等证明,其几何构型为双三角形立锥体,如图 5.6 所示。

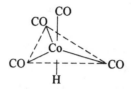

图 5.6　$HCo(CO)_4$ 的几何构型图

用 $Co_2(CO)_8$ 络合催化烯烃的羰基化循环或氢醛化循环如图 5.7 所示。

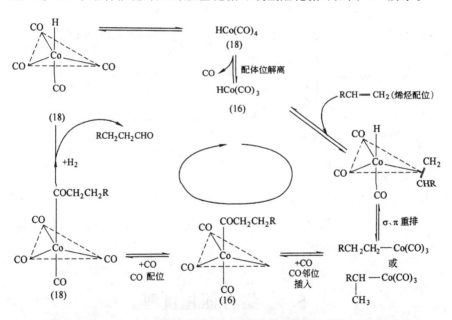

图 5.7　$Co_2(CO)_8$ 络合催化烯烃的羰基化循环或氢醛化循环

有关 $HCo(CO)_4$ 的改进研究工作很多,包括对产物异构化的形成与选择性、用于二烯烃的氢甲酰化、用于取代烯烃的氢甲酰化、用于不对称的氢甲酰化以及均相催化剂的固相化等。

5.3.5　甲醇络合羰化合成乙酸

这是 20 世纪 70 年代工业催化开发中最突出的成就之一。它使基本有机原料合成工业从石油化工向一碳化工的领域转化打开了大门。催化剂可用羰基钴,也可用铑的络合物。以 CH_3I 为促进剂。铑催化剂的反应条件相对来说要温和得多。温度约 175℃,压力为 1～12MPa,反应物的转化率极高。总的反应式为

$$CH_3OH + CO \longrightarrow CH_3COOH$$

但同时还涉及以下的平衡式

$$2CH_3OH \rightleftharpoons CH_3OCH_3 + H_2O$$

$$CH_3OH + CH_3COOH \rightleftharpoons CH_3COOCH_3 + H_2O$$

$$CH_3OH + HI \rightleftharpoons CH_3I + H_2O$$

催化循环如下所示,它将涉及的有关联的平衡式略去,仅表达羰化过程。

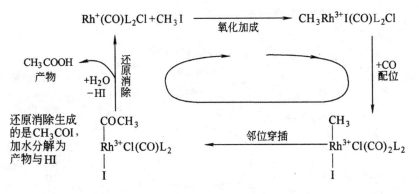

上述循环中,CH_3I 对 Rh 络合物的氧化加成是反应的速率控制步骤,其余步骤的速率都很快。

5.4　络合催化机理

络合催化的机理既不同于金属、半导体的催化机理,也不同于酸碱催化的机理,它主要是通过络合催化剂对反应物的络合作用,使反应快速发生的过程,反应的一般机理可表示如图 5.8 所示。

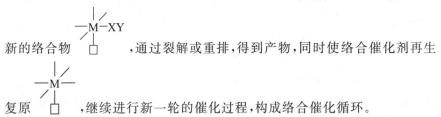

图 5.8　络合催化反应的一般机理

其中,M 为络合中心金属原子(或离子);Y 为弱基;形成不稳定的配位键;X 为反应物分子;□为络合空位。络合催化的主要步骤有络合、插入以及空位的恢复。

　　向络合催化剂中引入烷基(—R)、氢基(—H)和羟基(—OH)等配位体,形成的键属于不稳定的配位键,这些键容易进行插入反应,引入的基团 Y 称为弱基。向络合催化剂中引入弱基的方法这里将不再详述。引入弱基可在络合反应之前进行,也可在络合反应之后进行,要根据具体催化过程而定。络合催化剂为使反应物与之络合,必须提供络合空位。反应物分子在络合空位处与络合催化剂配位,通过络合配位使反应物活化,对烯(炔)、CO 和 H_2 活化。不同反应物活化方式也不同,但它们的共同特点是削弱了反应物的双键或多键,使之容易断裂。络合活化的反应物插入相邻的弱配位键之间,生成一个新的配位体,同时留下络合空位。正如通式所示,X 插入相邻的顺位 M—Y 键,与 Y 结合成单一配位体—XY,并留下络合空位□。

新的络合物 　　，通过裂解或重排,得到产物,同时使络合催化剂再生

复原 　　，继续进行新一轮的催化过程,构成络合催化循环。

5.5　络合催化的应用实例

5.5.1　乙烯氧化制乙醛

　　乙醛是有机合成工业的重要原料。工业上生产乙醛的方法,目前主要有,以乙烯为原料的液相乙烯直接氧化法,以乙炔为原料的液相水合法,乙

醇氧化法及烷烃氧化法,其中前两种采用较多。

乙烯在氯化钯及氯化铜溶液中氧化成乙醛的方法于 1959 年实现工业化,至今仍为生产乙醛的常用方法。此方法也称为瓦克(Wacker)法。该法生产乙醛分一步法和两步法。一步法是将过量的乙烯和氧同时通入装有催化剂溶液的反应器中进行反应,反应后用水吸收乙醛,得到含乙醛的水溶液,在反应的同时催化剂进行再生,没反应完的乙烯则循环使用。两步法是将乙烯和催化剂溶液同时通入氧化反应器中,反应后将生成的乙醛分离出来,催化剂溶液再送入另一个再生反应器中,通空气加以再生。无论哪种方法,乙烯氧化制乙醛反应的选择性均在 95% 以上,副产物主要是 CO_2、醋酸、草酸和微量的气态氯代烃。反应在常温常压下就可较快地进行。乙烯氧化反应化学方程式如下:

$$C_2H_4 + PdCl_2 + H_2O \longrightarrow CH_3CHO + Pd + 2HCl$$

$$Pd + 2CuCl_2 \longrightarrow PdCl_2 + 2CuCl$$

$$2CuCl + 2HCl + \frac{1}{2}O_2 \longrightarrow 2CuCl_2 + H_2O$$

总反应式

$$C_2H_4 + \frac{1}{2}O_2 \xrightarrow{PdCl_2 - CuCl_2} CH_3CHO$$

乙烯络合催化氧化生成乙醛,反应速率方程为

$$-\frac{-d[C_2H_4]}{dt} = K \frac{[(PdCl_4)^{2-}][C_2H_4]}{[Cl^-]^2[H^+]}$$

25℃时,Pd^{2+} 在盐酸溶液中有 97.7% 以上是以络离子 $(PdCl_4)^{2-}$ 形式存在的。根据上述方程式,提出了如下乙烯氧化生成乙醛的反应机理。

5.5.1.1 烯烃-钯 σ-π 络合反应

$PdCl_2$ 在盐酸溶液中主要以络离子 $(PdCl_4)^{2-}$ 的形式存在,用原子轨道理论可做如下解释。Pd^{2+} 的电子组态为 $4d^8 5s^0 5p^0$,处于基态时 8 个电子的分布如下。

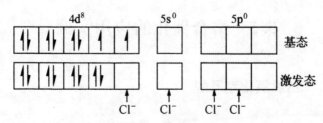

当与 Cl^- 作用成为激发态时,8 个电子填满 4 个 d 轨道,而另一个 d 轨道与 5s、5p 轨道发生 dsp^2 杂化,4 个配位体 Cl^- 以配位键的形式与杂化轨道成键,形成正方形构型的络离子 $(PdCl_4)^{2-}$。

乙烯取代配位体 Cl^-,生成钯 σ-π 络合物。

$$
\begin{bmatrix} \text{Cl} & \text{CH}_2 \\ \text{Cl—Pd} & \| \\ \text{OH} & \text{CH}_2 \end{bmatrix}^- \rightleftharpoons \begin{bmatrix} \text{Cl} \\ \text{Cl—Pd—CH}_2\text{—CH}_2\text{—OH} \\ \square \end{bmatrix}^-
$$

σ-π 络合物　　　　　　　　　σ 络合物

乙烯与 Pd^{2+} 络合后,乙烯的 C—C 键变长,由 0.134nm 增长到 0.147nm,这说明络合使双键被削弱而活化,这对乙烯双键的打开创造了有利条件。生成的 σ-π 络合物是以 σ 给予为主,使乙烯带部分正电荷,有利于—OH 进攻。

5.5.1.2　引入弱基反应

生成的烯烃-钯 σ-π 络合物在水溶液中发生水解:

$$
\begin{bmatrix} \text{Cl} & \text{CH}_2 \\ \text{Cl—Pd} & \| \\ \text{Cl} & \text{CH}_2 \end{bmatrix}^- + H_2O \rightleftharpoons \begin{bmatrix} \text{Cl} & \text{CH}_2 \\ \text{Cl—Pd} & \| \\ \text{OH} & \text{CH}_2 \end{bmatrix} + Cl^- + H^+
$$

$$
\rightleftharpoons \begin{bmatrix} \text{Cl} & \text{CH}_2 \\ \text{Cl—Pd} & \| \\ \text{H}_2\text{O} & \text{CH}_2 \end{bmatrix} + Cl^-
$$

配位体 Cl^- 被 H_2O 取代,并迅速脱去 H^+,络合物中引入—OH,形成烯烃-羟基 σ-π 络合物。

5.5.1.3　插入反应

烯烃-羟基 σ-π 络合物发生顺式插入反应。使配位的乙烯打开双键,插入到金属—氧(Pd—O)键中去,转化为 σ 络合物,同时产生络合空位(□表示)。

$$\left[\begin{array}{c} Cl \quad CH_2 \\ Cl-Pd \quad \Vert \\ OH \quad CH_2 \end{array}\right] \rightleftharpoons \left[\begin{array}{c} Cl \\ Cl-Pd-CH_2-CH_2-OH \\ \square \end{array}\right]^-$$

σ-π络合物   σ络合物

5.5.1.4　重排和分解

以上的 σ 络合物极不稳定,然后迅速发生重排与氢转移,生成产物乙醛以及不稳定的钯氢络合物,并析出金属钯。

$$\left[\begin{array}{c} Cl \quad H \quad H \\ Cl-Pd-C-C-OH \\ \square \quad H \quad H \end{array}\right]^- \longrightarrow CH_3CHO+\left[\begin{array}{c} Cl \\ Cl-Pd-H \\ \square \end{array}\right]^- \longrightarrow CH_3CHO+Pd+H^++2Cl^-$$

5.5.1.5　催化剂的复原——钯的氧化

由上述反应可以看出,络合催化剂氧化乙烯生成乙醛,络合物中心 Pd^{2+} 被还原为 Pd,为使反应连续进行,金属钯需经氧化铜氧化后再参与催化反应,构成催化循环。

$$Pd+2CuCl_2 \longrightarrow PdCl_2+2CuCl_2$$

$$2CuCl+2HCl+\frac{1}{2}O_2 \longrightarrow 2CuCl_2+H_2O$$

从上述机理分析可以看出:

(1)乙烯氧化生成乙醛,不是由氧气或空气直接氧化,而是由水提供氧,所以反应必须在水溶液中进行;要求络合催化剂不但容易进行 σ-π 络合,而且也容易进行 Cl^- 与 OH^- 的取代反应,将弱基—OH 引入络合物中。例如,与钯同一族的镍和铂元素也具有类似的络合特性,镍络合活化乙烯能力较差,但促进 Cl^- 和 OH^- 取代能力很强;而铂络合活化乙烯能力很强,但不易促进 Cl^- 和 OH^- 的取代反应,因此,镍和铂都没有表现出良好的络合催化作用。只有钯,既可络合活化乙烯,又能促进 Cl^- 和 OH^- 的取代反应,故钯表现出良好的络合催化活性。由此可见,在选择络合物中心离子时,除考虑 σ-π 络合能力外,还要考虑对配位体的取代能力。

(2)尽管动力学方程式中 Cl^- 和 H^+ 是在分母项中,但反应中必须有足够的 HCl 存在。因为足够的 Cl^- 可使 Pd^{2+} 以 $[PdCl_4]^{2-}$ 形式存在,从而进行络合催化。通常游离 Cl^- 在 $0.2mol \cdot L^{-1}$ 以上,pH<2 时,存在形式主要

为 $[PdCl_4]^{2-}$ 。

（3）络合催化剂反应后，Pd 不能靠氧直接氧化为 Pd^{2+}，而要通过 $CuCl_2$ 氧化剂氧化为 Pd^{2+}，Cu^{2+} 被还原为 Cu^+，Cu^+ 容易被氧氧化为 Cu^{2+}，使 CuCl 氧化为 $CuCl_2$，构成了催化剂的再生循环。$CuCl_2$ 称为再生剂。可见，反应体系中必须加入足够量的 $CuCl_2$。通常加入 Cu^{2+} 是 Pd^{2+} 的 100 倍，并通入氧气。

（4）在该反应中络合催化剂中心离子 Pd^{2+} 还原为 Pd，又被氧化为 Pd^{2+}，再生剂 Cu^{2+} 还原为 Cu^+，再被氧化为 Cu^{2+}，反应物活化经由络合催化剂与反应物之间明显的电子转移过程，而且是 Pd^{2+} 与 Cu^{2+} 共同完成，因此该催化过程是非缔合共氧化催化循环过程，其催化循环示意图有如下两种表示方式，如图 5.9 所示。

在 Wacker 法中用醋酸代替水时，可以制得醋酸乙烯，其反应如下：

$$PdCl_2 + C_2H_4 + CH_3COOH \longrightarrow CH_3COOC_2H_3 + Pd + 2HCl$$

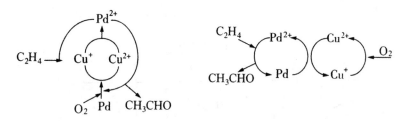

图 5.9　催化循环示意图

$$Pd + 2CuCl_2 \longrightarrow PdCl_2 + 2CuCl$$

$$2CuCl + 2HCl + \frac{1}{2}O_2 \longrightarrow 2CuCl_2 + H_2O$$

总反应式：

$$C_2H_4 + CH_3COOH + \frac{1}{2}O_2 \longrightarrow CH_3COOC_2H_3 + H_2O$$

5.5.2　烯烃聚合反应

络合催化剂成功地用于各种烯烃的聚合反应，可合成出各种高分子化合物。例如固体塑料、橡胶和一些液体高分子化合物。这些材料在工业、农业、国防、交通及日常生活和尖端科学技术方面都得到广泛应用，因此络合催化聚合反应得以广泛深入地研究。

烯烃进行定向聚合所采用的催化剂为齐格勒（Ziegler）-纳塔（Natta）催

化剂,简称齐-纳(Z-N)催化剂。其主要催化剂是 TiCl₄ 或 TiCl₃,其次是烷基铝化合物。Z-N 催化剂能使多数烯烃单体聚合成为线型的、立体的、规整度较好的高分子化合物。通常 σ-烯烃(如丙烯)的定向聚合产物有三种不同的立体结构,分别是等规、间规和无规聚合物,如图 5.10 所示。

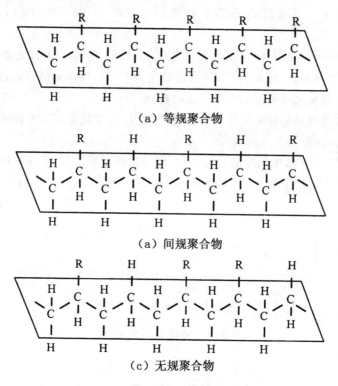

（a）等规聚合物

（a）间规聚合物

（c）无规聚合物

图 5.10　聚丙烯立体构型示意图

尽管对烯烃聚合机理存在各种观点,但总的步骤与上述络合催化的一般机理是一致的,即包括络合反应、插入反应和空位中心复位三个步骤。

5.5.2.1　乙烯的阴离子络合配位聚合机理

乙烯聚合最常用的络合催化剂是[(Cp)₂TiCl₂＋AlEt₂Cl],其中 Cp 代表环戊二烯基(—C₅H₅),Et 代表乙基(—C₅H₅)。主催化剂为(Cp)₂TiCl₂,催化活性中心是连有烷基的 Ti 离子。在该催化系统中有机铝化合物是必不可少的,它的作用是还原与烷基化,即在烷基化进程中有机铝将烷基连接到 Ti 离子上,引入烷基可保证后面插入反应的持续进行,使分子链进一步增长。此外,有机铝化合物的 Al^{3+} 的半径较小,约为 0.051nm,诱导效应使键的部分极化,从而导致 Ti 离子的形式正电荷增加,非常有利于烯烃的络合反应，而烷基中与 Ti 离子相连的碳原子上部分负电荷增加，将这种聚合机理称之为阴离子络合配位机理，具体的过程如下：

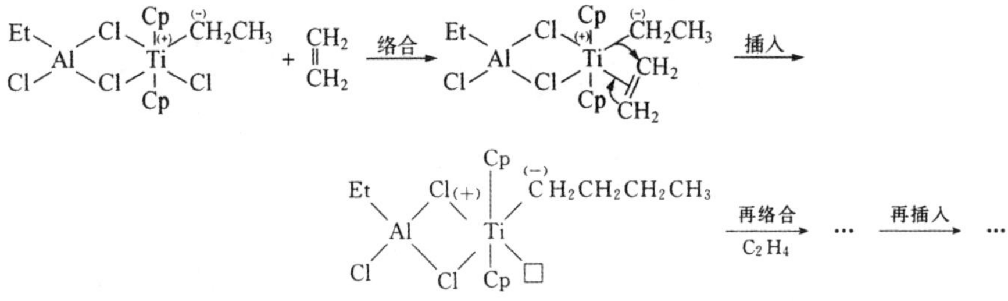

催化剂络合乙烯分子形成 σ-π 络合，活化了乙烯分子的双键，有利于插入反应进行，腾出的空位可再络合，再插入，以此循环到聚合物相对分子质量一定时为止。

聚合物相对分子质量可通过加入阻聚剂来控制。如不加阻聚剂，上述聚合体系相对分子质量大小由 β-氢转移而定：

$$M—CH_2—CH_2—CH_2—CH_2 \sim\sim\sim \longrightarrow M—H + CH_2{=}CH—CH_2—CH_2\sim\sim\sim$$

$$M—H \xrightarrow{+C_2H_4} M—CH_2—CH_3$$

β-氢转移的难易取决于络合物中心离子的电子亲合力，而这种亲和力又与其配位体性质和中心离子的价态有关。用上述催化剂催化乙烯聚合可得到固体的高分子聚合物。当上述络合催化剂 Ti 离子上的两个配位体 Cp 被 Cl^- 替换后，由于 β-氢转移能力较强，聚合产物为相对分子质量较小的液体产物。这是因为 Cl^- 亲电子能力强，使 Ti 离子的电子亲和力增大，β-氢转移能力增加。除配位体影响之外，金属离子的价态也有影响，Ti(Ⅳ)＞Ti(Ⅲ)。由此可见，可通过调节配位体类型来调节聚合物相对分子质量的大小。

5.5.2.2　丙烯的定向聚合

用上述均相络合催化剂进行丙烯聚合得不到等规聚合物，在低温(−78℃)下可得到间规聚合物，否则只能得到无规聚合物。这是因为均相络合催化剂的活性中心不能提供适宜的空间位阻，使—CH_3 朝一个方向排布。只有用多相 Z-N 催化剂才能得到等规聚合物。

丙烯定向聚合生产中常用催化剂为 δ-$TiCl_3$-$Al(i\text{-}Bu)_3$（i-Bu 为异丁基），再加上活性剂三苯氧膦或六甲基膦酰三胺。丙烯聚合机理与乙烯聚合机理基本相同，但如何使丙烯定向聚合且使甲基位于主链的一侧呢？大量研究结果表明，$TiCl_3$ 的结晶结构有四种异构体，即 α、γ、δ 和 β，其中前三种 $TiCl_3$ 具有甲基定向性。丙烯聚合反应机理如下：

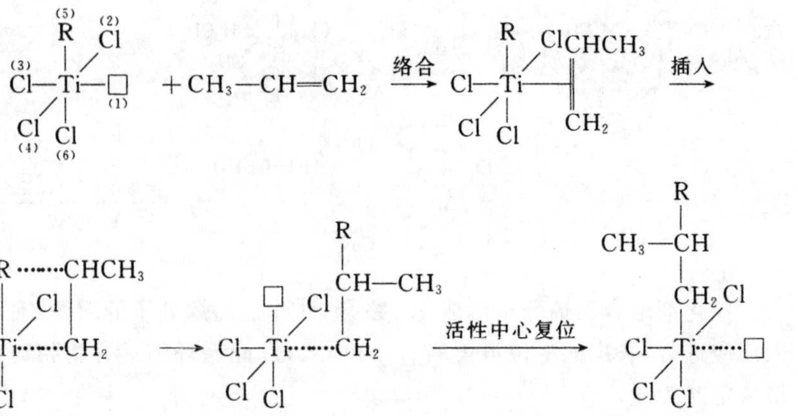

根据此机理，反应物丙烯首先与配位数不饱和的络合催化剂配位，形成 σ-π 络合物，双键平行于 R—Ti—Cl，—CH_3 伸向晶面外，然后进行插入反应，在 Ti 离子和烷基之间插入一个丙烯，腾出空位(5)，—R 在(1)位受到较多 Cl^- 的排斥，容易跳回(5)位上，活性中心复位，再进行丙烯络合，再次插入，依此循环下去完成聚合过程。

定向聚合按柯西(Cossee)的单金属活性中心理论可解释为，络合物催化剂的活性中心 Ti^{3+} 具有正八面体的立体构型(采用 d^2sp^3 杂化轨道)，配位数为 6，其中 4 个被 Cl^- 占据，1 个被烷基—R 占据，1 个是络合空位，暴露出的平面四方形(1)、(2)、(3)、(4)，其中(3)、(4)大部分嵌入晶体内部，而(1)、(2)、(5)3 个配位体在晶面，但空间障碍大小不一样。

柯西机理虽然解释了乙烯、丙烯的聚合反应，但理论上提出的空位中心跳来跳去，能量从何而来尚有一些争议。

催化剂中加入活性剂的作用是组成了活性更大的活性中心络合物；改变了烷基金属的化学组成，使聚合活性提高；覆盖非等规聚合活性中心；把聚合反应生成的毒物(如 $AlEtCl_2$)转化为无毒物质。

1969 年后，聚乙烯、聚丙烯催化剂改为负载型钛系催化剂，将 $TiCl_4$ 化学络合负载于 MgO 载体上，或将 $TiCl_4$ 振磨负载于 $MgCl_2$ 载体上，使用时用烷基铝活化，这种负载型催化剂，由于高分散使其活性大大提高，每克催化剂可生产 250 千克聚乙烯，因此这种聚乙烯和聚丙烯不必脱灰。

5.5.3 羰基合成

在合成化学中，羰基合成反应有着重要的意义，它以不饱和烃作为原料,与 CO、H_2、H_2O 或 ROH 等发生作用,并在有过渡金属作为催化剂的情况下,生成碳数增加的含氧化合物的过程。举例如下:

$$RCH=CH_2+CO+H_2 \xrightarrow[\text{或 Co}_2(Co)_8]{HCoO_4} RCH_2CH_2CHO（氢醛化）$$

$$RCH=CH_2+CO+2H_2 \xrightarrow[\text{或 Co}_2(Co)_8]{HCoO_4} 4RCH_2CH_2CH_2OH（氢羟甲基化）$$

$$RCH=CH_2+CO+H_2O \xrightarrow{Ni(CO)_4} RCH_2CH_2COOH（氢羧基化）$$

$$RCH=CH_2+CO+R'OH \xrightarrow{HCo(CO)_4} RCH_2CH_2COOR'（氢酯基化）$$

此反应应用最多的催化剂是铁、钴、镍、铑、钯等金属络合物,其中应用最广的是羰基钴,其次为羰基镍。

羰基合成反应的机理通常可分为五个步骤,分别是 $\sigma-\pi$ 络合反应、插入反应、与 CO 络合反应、再插入反应、分解或重排反应。举例如下

$$CH_2=CH_2+CO+H_2 \xrightarrow{HCO(CO)_4} CH_3CH_2CHO$$

第一代催化剂为 $Co_2(CO)_8$,它在反应气氛下可与 H_2 作用,生成真正的催化剂 $HCo(CO)_4$。反应式如下:

$$Co_2(CO)_8+H_2 \longrightarrow 2HCo(CO)_4$$

$HCo(CO)_4$ 的分子构型如图 5.11 所示,它是被歪曲的双三角锥。$HCo(CO)_4$ 中 Co 的电子结构如图 5.12 所示。H 提供 1 个电子与 Co 的 1 个单电子组成共价 6 键,4 个 CO 与 Co 则形成配价键。

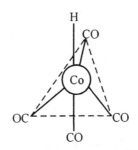

图 5.11　$HCo(CO)_4$ 分子构型

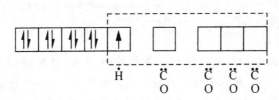

图 5.12　$HCo(CO)_4$ 中 Co 的电子构型

在反应条件下

$$HCo(CO)_4 \rightleftharpoons HCo(CO)_3 + CO$$

这就为络合反应提供了空位中心。

(1)σ-π 络合反应：

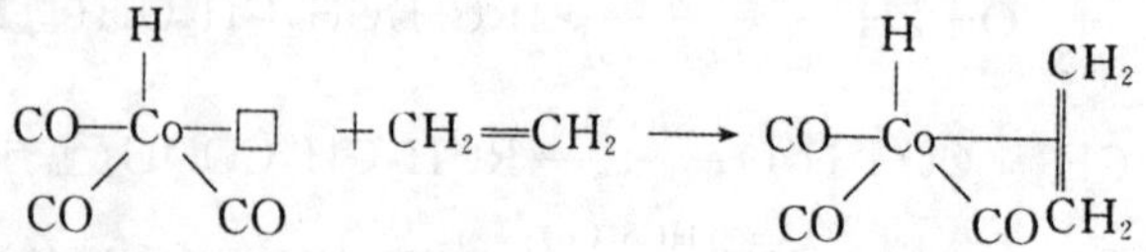

(2)插入反应：

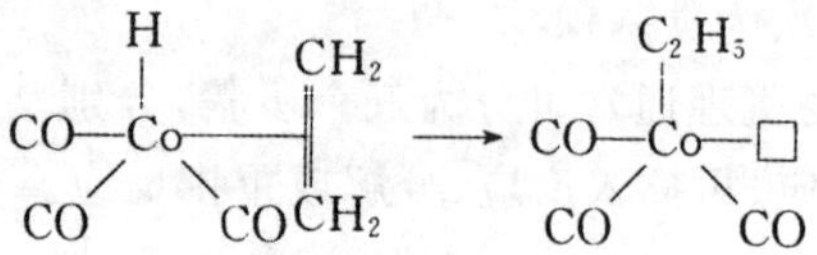

(3)再络合反应：

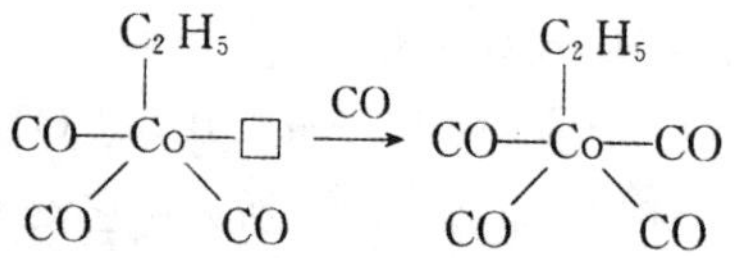

(4)再插入反应：

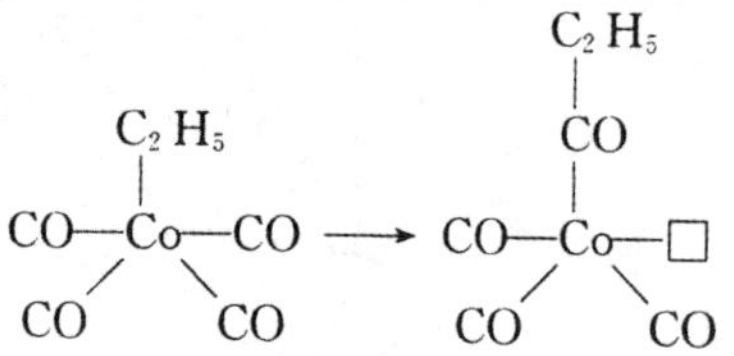

(5)氢解反应：

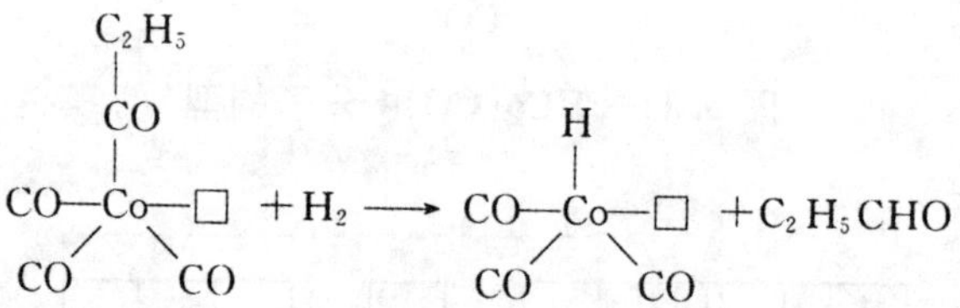

在反应过程中发现 $Co_2(CO)_8$ 的稳定性较差,且容易分解出 CO。为了防止分解的发生,通常需要将合成反应的压力提高,但也会造成设备投资与操作费用的增加;此外还有较多支链副产物生成。当以合成醇为目的时,催化剂加氢性能差,主要为醛,还需另行加氢。为克服上述缺点,近年来用

有机膦配位体代替部分 CO 配位体,如 $Co_2(CO)_6(PBu_3)_2$ 为催化剂,大大加快了羰基化反应速度,提高了催化剂的稳定性和加氢性能。

将有机膦配位体(三丁基膦)引入羰基钴催化剂中,有机膦配位体比 CO 具有更强的 σ 给予性,较弱的 π 反馈接受性能,因而增强活性中心对 CO 的络合能力,使反应压力由原来的 $10\sim30MPa$ 降低到 $0.7\sim1.5MPa$。有机膦配位体的引入增强了活化氢的能力,有利于络合催化生成的醛进一步加氢。还可从空间因素解释有机膦配位体的引入使直链产物增加。

20 世纪 60 年代末,由于甲醇工业($CO+2H_2 \underset{催化剂}{\overset{高温高压}{\rightleftharpoons}} CH_3OH$)中采用新的铜系催化剂,出现了低、中压合成甲醇的新工艺,使其成本下降,为羰基化制醋酸创造了有利条件。与此同时,低压下甲醇羰基化的新催化剂也研制成功,并于 1971 年建厂投产。这种新催化剂具有高活性和高选择性,并使操作压力由约 60.0MPa 降为约 1.0MPa,从而降低了建厂投资和生产成本,把甲醇羰基化法提高到一个新的水平。

据报道,这种新催化剂为三苯基膦羰基氯化铑$[RhCl(CO)(PPh_3)_2]$或三氯化铑($RhCl_3 \cdot 3H_2O$),其最佳选择性分别为 99.8% 和 99%。

反应物系中包括 CO、甲醇、催化剂、碘甲烷(助催化剂)及乙酸(用作溶剂)等。动力学测定表明,反应速度对甲醇、CO 浓度均为零级,对催化剂和碘甲烷浓度则为一级,因此动力学方程式可写成

$$\frac{\mathrm{d}p}{\mathrm{d}t}=k[CH_3I][催化剂]$$

Roth 和 Foster 提出了如下反应机理:

$$CH_3OH+HI \Longleftrightarrow CH_3I+H_2O$$

$$CH_3-C-I+H_2O \Longleftrightarrow CH_3C \begin{smallmatrix} O \\ \\ OH \end{smallmatrix} +HI$$

第6章 生物催化技术

生物催化技术是利用生物催化剂(主要是酶或微生物)改变(通常是加速)化学反应速率,进而达到预定工业目标的现代工业技术。人类很早以前就开始对酶有所认识并加以应用,利用酶或微生物细胞作为生物催化剂进行生物催化已有几千年的历史,早已发明了麦芽制曲酿酒工艺,古埃及和古代中国都有历史记载。近代认识酶是与发酵和消化现象联系在一起的。后来创造了"酶"这一术语以表述催化活性。近代科学技术对酶的认识研究,成为现代酶学与生物催化研究的基础。本章就对生物催化技术展开系统性的研究讨论。

6.1 概　述

6.1.1 生物催化剂的定义与来源

生物催化剂是生物反应过程中起催化作用的游离细胞、游离酶、固定化细胞或固定化酶的总称。生物催化剂的发现也包括细胞和酶两个方面。从酶的发现过程可以看出,人们最早了解和应用的是游离的细胞活体,这些细胞包括原核细胞和真核细胞,也就是利用微生物、植物或动物细胞中特定的酶系作为生物催化剂。

尽管生物催化剂可以来自于动物和植物,但是来源于微生物的新酶占整个生物催化剂来源的绝大多数,大约 80% 以上,动物和植物来源分别只占 8% 和 4%。尤其是随着现代分子生物学的发展,重组 DNA 技术的应用,微生物作为生物催化剂的主要来源更加显示出巨大的潜力和优势。通常所说的生物催化剂筛选,就是要寻找包含所需酶活性的特种微生物菌株。

生物催化剂来源的多样性也体现在微生物的多样性。微生物世界的特征之一就是其多样性和万能性;微生物是地球上分布最广、物种最为丰富的生物种群。微生物种类繁多,包括细菌、真菌、病毒、单细胞藻类和原生动物。在生物圈中,微生物分布范围最为广泛,可以说微生物无所不在。一般生物不能生存的极端环境,如高温泉、大洋底层、强酸、强碱、高盐水域等处,都有极端微生物存在。为适应环境对它们生存造成的压力,它们进化出许多特殊的生理活性物质。微生物在生物圈的物质循环中起着关键作用,对人类生活和社会发展也起着其他生物不能替代的作用。微生物过去、现在和将来都是人类获取生物活性物质的丰富资源,也是生物催化剂的主要来源。

研究人员通过对生境(微生物在自然界生存的场所与环境)的研究发现,微生物到处都有。但实际上要获得所需要的微生物,却并不容易。从过去百年来微生物学研究的结果来看,人们已获得的各种类型微生物仅仅是存在于生物圈微生物王国中的冰山一角。人们对生物圈各种生物多样性的认识,尚不全面。大量研究表明,人们对低等生物种类知之甚少,对细菌、古细菌和病毒总数的估计不是很确切,因为从环境中分离和培养它们相对困难,特别是对于专性寄生性种类。出现这一种情况的主要原因是人们在实验室所设计的培养基和培养条件还不能重复生境中的条件,还不能适合各种微生物生长的需要。但是,多方面的证据表明生境中微生物的种类极为丰富。总而言之,大自然中的微生物是取之不尽、用之不竭的自然资源宝库。

生物催化剂的应用形态多种多样,目前最常见的应用技术包括发酵、前体发酵、生物转化、酶作用等,限于本书篇幅,这里不再一一赘述。

6.1.2　生物催化剂的命名与分类

迄今为止,人们已发现和鉴定出 2000 多种酶,其中约 200 多种已得到了结晶体。酶的命名有习惯命名、系统命名和系统分类命名等多种方法,为了便于查阅文献,此处仅介绍系统分类命名。即国际酶学委员会英文缩写字母 EC 后缀四个阿拉伯数字,第一个数字标明酶素类别,即前述的六大类;第二个数字标明酶催化底物中被催化的基团或键的特点,分成大类酶的若干亚类,分别以顺序编成 1、2、3、4 等数字;第三个数字标明亚亚类,仍用 1、2、3、4 等编号;最后一个数字标明登记号,也用 1、2、3、4 等表示。每个酶的系统分类编号由四位数字组成,数字间以"."隔开。例如,脂肪酶的系统分类命名为 EC3.1.1.3,第一个数字 3 代表水解酶的分类号;第二个数字代表亚类即水解酶作用底物的键型,1为酯键的分类编号;第三个数字代表亚亚类,1为羧酸酯键的分类编号;第四个数字3代表脂肪酶的登记号。酶的系统分类命名法相当严格,一种酶只能有一个系统命名分类编号,表明了酶催化的底物和催化反应性质。

1961年国际酶学委员会(EC)提出了酶的系统分类法。将酶分为六大类,分别用EC1~EC6编号表示,具体如下:

(1)氧化还原酶(EC1.×.×.×)。有醇脱氢酶、环氧化物酶、单加氧酶、双加氧酶等,可以催化硝基、氨基、砜基、亚砜基化合物及醇、醛、酮衍生物等的氧化还原反应。研究表明,生物体内众多的氧化还原酶在反应时需要辅酶NAD或NDAP。

(2)转移酶(EC2.×.×.×)。可以催化烷基、酰基、羰基、氨基、巯基等的转移反应。

(3)水解酶(EC3.×.×.×)。有脂肪酶、酯酶、蛋白酶、酰化酶、酰胺酶和腈水合酶等,可以催化各种水解、合成、酰基化反应。

(4)裂解酶(EC4.×.×.×)。可以催化双键的形成,使得分子裂解成两部分,如天冬氨酸酶、富马酸酶、苯丙氨酸氨解酶等。

(5)异构酶(EC5.×.×.×)。催化底物分子内的重排、构型改变。

(6)连续酶(EC6.×.×.×)。也称合成酶,催化两个底物分子连接成一个分子。

6.1.3 生物催化剂的固化

催化特定反应的酶获得后,如果直接用于反应过程,即构成游离酶与反应物、产物的均相反应体系。均相反应体系存在酶损失量大、分离难度、无法重复使用、稳定性差等方面的缺点,为了改善生物催化剂的性能,需要对其进行固定化是很有效的措施。如图6.1所示,概括了其主要分类和方法原理。在现代化学工业中,最常用的生物催化剂固化技术有凝胶包埋法、聚集作用、絮凝作用、吸附法、黏附等,限于本书篇幅,这里不再赘述这些方法的具体机理及操作手段。

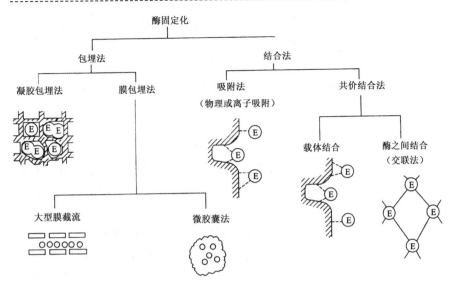

图 6.1　酶固定化方法

6.2　生物催化剂的功能特点及生物催化反应特征

6.2.1　酶的催化功能与特点

与传统的化学催化剂的相比,酶的催化主要有以下五个功能特点:

(1)活性大。表 6.1 列出了若干酶的转换数。它表示酶分子中一个活性中心在一分钟内使底物转换的分子数。和其他类似的催化剂的相比,不知要大多少倍,有的甚至要大好几个数量级。

表 6.1　某些酶的活性(以转换数表示)

酶的名称	转换数(次/min)	酶的名称	转换数(次/min)
溶菌酶	3×10	乳酸脱氢酶	6.0×10^4
DNA-聚合酶 I	9×10^2	青霉素酶	1.2×10^8
胰凝乳蛋白酶	6×10^3	乙酰胆碱酯酶	1.5×10^6
β-半乳糖苷酶	1.25×10^4	过氧化氢酶(肝)	5×10^6
己糖激酶	2.2×10^4	碳酸酐酶	3.6×10^7

（2）选择性高。酶的最大优势在于其无与伦比的选择性，这种高度的选择性通常用"专一性"来表述，指一种酶在一定条件下只能催化一种或一类结构相似的底物进行某种类型反应的特性，具体包括绝对专一性、相对专一性、立体专一性（立体专一性、几何专一性、对映体专一性、前手性专一性）等。限于本书篇幅，这里不再一一赘述。

（3）反应条件温和。一般均在室温、常压下进行。

（4）可自动调节活性。这是目前对其机理尚不十分清楚的一个问题。这对生理过程十分重要，例如，肌肉在运动和静止状态时需用不同量的能源——糖，这一般靠分解糖原（glycogen）来补给。由于生物体内分解糖源的串联酶组（enzyme cascade）可以因外界条件的改变自动调节其活性，因而可以很容易地满足上述要求。所以酶又称可调节的催化剂。

（5）同时具有均相和多相的特点。酶本身是呈胶态分散溶解的，接近于均相；但反应却是从反应物在其表面上积聚开始的，所以又和多相反应相仿。

表6.2列出了生物催化剂和化学催化剂的比较。正是由于酶具有上述功能特点，它才能在复杂的生命过程中，担负起形形色色的化学反应的催化剂的角色。但是，生物催化剂也具有显著缺点，如特定反应适应性差、不稳定、改进周期长等。

表6.2　生物催化剂和化学催化剂的比较

项目	生物催化剂	分子催化剂
催化底物	多是大分子复杂底物	较简单的、纯的化合物
反应模式	多种催化剂同时作用催化多种反应	单一催化剂催化单一化学反应
反应条件	比较温和	相对较苛刻
原料	生物基质、化工资源	以化石资源为主
转化效率	常温下高效、高转化率、可立构专一	在高温加压下也可高效转化，转化率相对较低
对环境的影响	环境友好，可持续发展	可对环境造成污染，也可环境友好

6.2.2　生物催化反应的特征

与传统的化工催化相比,酶催化具有许多特点,在绪论中已提及。首先酶催化效率极高,是非酶催化的 $10^6 \sim 10^{19}$ 倍。例如,1g 结晶 α-淀粉酶在 60℃、15min 可使 2t 淀粉转化为糊精。其次,酶催化剂用量少,化工催化剂为 $0.1\% \sim 1\%$(摩尔比),而酶用量为 $10^{-4}\% \sim 10^{-3}\%$(摩尔比)。表 6.3 列出的是可比较的某些酶和与之类似的非酶催化剂的活性数据。

表 6.3　酶和非酶催化反应速度的比较

酶	非酶催化的同类型反应	酶催化 $V_酶/s^{-1}$	非酶催化 V_0/s^{-1}	$V_酶/V_0$
胰凝乳蛋白酶	氨基酸水解	4×10^{-2}	1×10^{-5}	4×10^3
溶菌酶	缩醛水解	5×10^{-1}	3×10^{-9}	2×10^8
β-淀粉酶	缩醛水解	1×10^3	3×10^{-9}	3×10^{11}
富马酸酶	烯烃加工	5×10^2	3×10^{-9}	2×10^{11}
尿素酶	尿素水解	3×10^4	3×10^{-10}	1×10^{14}

其次,生物酶催化具有高度的专一性:一种是绝对专一性;另一种是相对专一性。一种酶只能催化一种底物进行一种反应,称为绝对专一性。如底物有多种异构体,酶只能催化其中的一种异构体。例如,乳酸脱氢酶只能催化转化底物丙酮酸成 L-乳酸;而 D-乳酸脱氢酶也只能转化底物丙酮酸成 D-乳酸,其反应式为

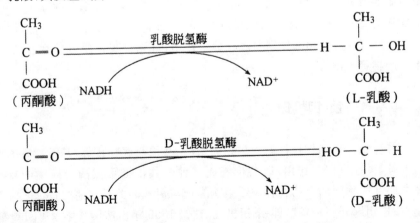

如一种酶能够催化一类结构相似的底物进行某种相同类型的反应,称为相对专一性。例如,酯酶可以催化所有含相同酯键的酯类物质水解成醇和酸。

$$R\!-\!\overset{\overset{\textstyle O}{\|}}{C}\!-\!O\!-\!R + H_2O \xrightarrow{\text{酯酶}} RCOOH + R\!-\!OH$$
（酯）　　　　　　　　　　（酸）　　醇

这种相对专一性又称为键专一性或基团专一性。键专一性的酶能够催化具有相同化学键的一类底物。

由于酶催化的专一性,可以利用酶从复杂的原料中针对性地加工某种成分,以获取所需产品;也可用于从某些物质中除去不需要的组分而不影响其他成分。

酶催化的条件较温和,可在常温常压和酸碱度(pH 值为 5~8,一般在 7 左右)下进行,可以减少不必要的副反应,如分解、异构、消旋、重排等。而这些副反应正是传统化学催化反应中常会发生的。多种不同酶所催化的反应条件往往是相同或相似的,因此一些连续反应可采用多酶复合体系,使其在同一反应器中进行,可以省去一些不稳定中间体的分离过程,简化反应和过程操作步骤。

6.3　生物催化作用原理

生物催化剂(酶)产生于活细胞的生命过程,其催化功能与构成它的酶蛋白质的特殊结构密切相关,在适宜的人工环境下可发挥期望的催化功能。一般认为,酶发挥催化作用时活性中心的结合部位与底物分子结合,形成酶-底物复合物,催化部位则与底物分子作用,首先将其转变为过渡态,然后生成产物释放出去。

6.3.1　锁-钥机理

各种酶催化的作用机制不尽相同,首先必须与底物接近,基于二者的形状互补,再通过相互作用,以共价键或多种非共价键形成酶与底物的复合体。酶和底物间的严格互补关系被喻为锁与钥匙的关系。酶的特征之一就是"一把钥匙开一把锁",即锁-钥机理,这是 1890 年由法国化学家 Fisher 首先针对酶催化作用机制提出的钥匙学说,他在 1902 年成为第一位生物化学领域的诺贝尔奖获得者。Fisher 假设酶和底物分别像锁和钥匙一样机械地匹配,底物比酶要小得多,而且,酶的结构是刚性的,如图 6.2 所示。该机理解释酶专一性相当完满,但不能解释酶为什么能催化比自身大的底物,也无法说明酶催化可逆反应和酶的相对专一性现象。

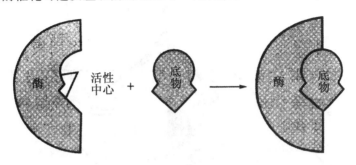

图 6.2　锁-钥机理

诱导契合机理对锁-钥机理的不足进行了修正,认为酶的活性中心与底物的结构不是刚性互补而是柔性互补。当酶与底物靠近时,底物能够诱导酶的构象发生变化,使其活性中心变得与底物的结构互补,如图 6.3 所示。就好像手与手套的关系一样。酶与底物结合时构象发生变化已得到 X 射线衍射分析等实验证实,同时该机理也很好地解释了酶催化的相对专一性现象。

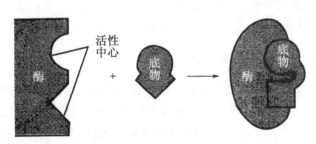

图 6.3　诱导契合机理

在锁-钥机理基础上衍生出一个三点附着学说,专门解释酶的立体专一性。该学说认为,立体对应的一对手性底物虽然基团相同,但空间排列不同,这就可能出现底物基团与酶分子表面活性中心的结合能否互补的问题,只有三点都互补匹配的特定对映异构体,酶才能互补地与其结合,并发生催化作用,如图 6.4 所示。

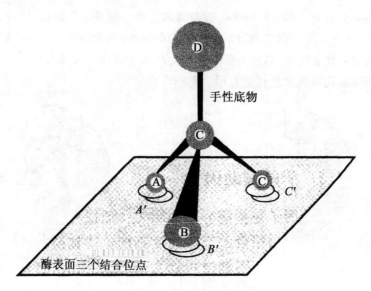

手性底物

C'

A'

B'

酶表面三个结合位点

图 6.4　三点附着学说

6.3.2　酶催化作用的机制

酶活性中心起催化作用的基团是化学上极为普通的基团,如组氨酸的咪唑基、半胱氨酸的巯基、谷氨酸或天冬氨酸的羧基等,它们在酶分子中的催化作用有以下几种。

6.3.2.1　广义酸碱催化

酸碱催化是化学催化中最常见的类型。但是,由于酶反应的最适 pH 近于中性,故 H^+、OH^- 似乎与酶催化无重要关系。然而,从广义酸碱理论着眼,质子供体和质子受体分别等于酸和碱。因此,酶活性中心的氨基、羧基、巯基、酚羟基和咪唑基等都可作为酸或碱对底物进行催化加快反应速率。

酸碱催化普遍存在于均相、多相和酶催化之中,这从以后要列举的固定化酶、离子交换树脂、分子筛等几种固体酸催化剂的作用机理,就足以看出它们之间的共同性了。所不同的只是酶的活性和选择性,比其他酸碱催化剂的高。其主要原因除酶分子具有独特的结构,参与反应的基团都有严格的构型,可以使熵因素和溶剂化作用的影响减少到最小,和具有较多起催化作用的残基外,在酶介质中,质子还具有较大的转移速度($pH=7$ 时为 $10^3 s^{-1}$)。

6.3.2.2　底物形变

酶的诱导契合机理指出了底物诱导酶的构象改变。研究表明,酶和底物的结合是相互诱导契合的动态过程,不仅酶的构象发生改变,底物分子的构象也发生变化。酶使底物中的敏感键发生"张力"甚至"变形",从而使敏感键更容易断裂,加速反应进行。

6.3.2.3　共价催化

某些酶增强反应速率是通过和底物以共价键形成不稳定的中间物,使能阈降低,反应加快。共价催化是以反应物和催化剂之间形成共价键为特征的,一般分为亲核催化和亲电子催化,限于本书篇幅,这里仅就亲核催化进行讨论。

所谓亲核催化,具体是指反应中催化剂将电子对给予底物控制步骤的那些催化过程。一些酶的侧链,如半胱氨酸的巯基、组氨酸的咪唑基、丝氨酸的羟基阴离子以及谷氨酸的羧酸阴离子等,都有很强的亲核趋势,都是很好的亲核催化剂,其主要形式为

例如,由组氨酸的残基咪唑基所催化的酰基转移反应,就是通过生成一个酰基咪唑中间状态而进行的。除了氮原子外,氧阴离子也具有这种性质。例如,谷氨酸对酸酐的水解作用,就是按亲核机理进行的。

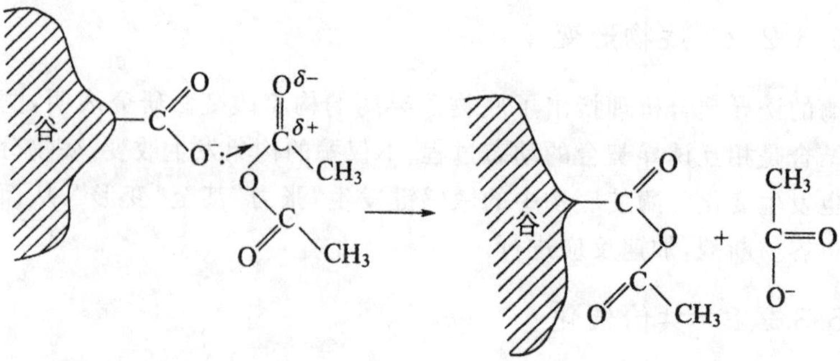

亲核催化剂的活性,一般与其碱强度有平行关系,但有时由于空间位阻和溶剂效应等影响,并非没有例外。

6.3.2.4 定向效应

在酶分子中,由于底物与酶的紧密结合,活性部位的催化基团总是从一个方向趋近底物,因此易于进行催化。

6.3.2.5 趋近效应

普通化学基团在水溶液中与底物分子有一定距离,通过扩散才有相互接近并发生碰撞的机会。而在酶分子中由于活性中心结合部位与底物分子结合,形成酶-底物复合物,使催化部位基团与底物可以相互靠近,因此易于发生碰撞而起催化作用。

上述 5 种关于酶催化作用机理的解释均说明酶催化的高效性,但对某个具体酶而言则有偏重,不同的酶其催化机理不同,同一种酶也可能有几种不同的催化机理。

6.3.3 影响酶催化反应的主要因素

上面讨论酶催化反应的基本机理,接下来讨论其影响因素。酶催化与非酶催化相同,受温度、介质 pH、反应物(底物)浓度、酶用量以及抑制剂等因素的影响。其中以底物浓度影响最为明显。

假定仅有一种底物(S)在酶(E)的作用下生成一种产物(P),称为单底物酶催化反应。当酶的浓度和其他反应条件都不变的情况下,增加底物浓度,酶催化反应速率与底物浓度的关系呈一条非线性曲线,反映出底物浓度对酶催化反应速率影响的复杂关系,如图 6.5 所示。在底物浓度较低时,反应速率随底物浓度的增加而急剧增加,速率 r 与[S]呈正比关系,表现为一级反应;随着[S]增加,r 的增加率逐渐变小,r 与[S]不再呈正比关系,表现为混合级反应;当底物浓度达到一定值时,r 趋于恒定,r 与[S]无关,表现为零级反应,此时反应速率最大为 r_m,[S]出现饱和。r_m－[S]曲线称为酶催化反应的饱和曲线,是酶催化反应的重要特征,是在 1902 年由 Henri 发现的。非酶促反应不存在这种饱和现象。

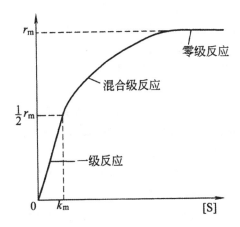

图 6.5　酶催化反应速率 r_m 与[S]的关系

为了解释酶催化反应的饱和曲线,Michaelis-Menten 进行了大量实验研究,从假设酶(E)和底物(S)与它们生产的酶-底物复合物(ES)之间存在解离平衡出发,导出了米-曼方程

$$r_p = \frac{r_m[S]}{r_m + [S]} = \frac{r_m}{1 + \frac{k_m}{[S]}[S]}$$

式中:r_p 为在一定底物浓度[S]时的反应速率;[S]为底物浓度;k_m 为米-曼常数,是 ES 的稳定性量度,等于复合物分解速率的总和,它大于生成速率。

温度对酶催化反应的影响,主要体现在以下两方面:

(1)升温加速酶催化反应,降低温度反应速率减慢。

(2)温度加速酶蛋白质变性,且这种效应是随时间累加的。

在反应的最初阶段,酶蛋白质变性尚未表现出来,因此反应的(初)速率随温度升高而加快;但是,随着时间的延长酶蛋白质变性逐渐突显,反应速率随温度变化的效应将逐渐为酶蛋白质变性效应所"抵消"。在一定条件下,每种酶在某一温度其活力最大,该温度称为酶的最适温度。

酶的活性受 pH 的影响较大。酶显最大活力时的 pH 称为酶的最适pH。pH 对酶催化反应的影响主要是由于:影响酶和底物的解离,因为酶和底物只有在一定的解离状态下才有利于它们的结合,pH 的改变会影响它们的解离状态,从而影响酶的催化活性;影响酶分子的构象,pH 会影响酶活性中心的构象,使之变性、失活。

凡能提高酶的活性、加速酶催化反应的物质,称为激活剂。酶的激活和酶原的激活是不同的,前者是使已具活性的酶活性提高;后者是使无活性的酶原变成有活性的酶。有些酶的激活剂是金属离子和某些阴离子。如许多酶需要 Mg^{2+},羧肽酶需要 Zn^{2+},唾液淀粉酶需要 Cl^- 等。激活剂的作用是相对的,一种酶的激活剂对另一种酶来说也可能是一种抑制剂。不同浓度的激活剂对酶活性的影响也不同。

凡能降低或丧失酶活力的物质,称为酶的抑制剂。不同物质抑制酶活性的机理是不一样的,可以分为三种情况:

(1)失活作用。当酶分子受到一些物理因素或化学元素影响导致次级键破坏,部分或全部改变了酶分子的空间构象,从而引起酶活性降低乃至丧失,这是酶蛋白质变性的结果。

(2)抑制作用。酶的必需基团(包括辅酶因子)的性质,受到某种化学物质的影响而发生改变,导致酶活性的降低或丧失,这时酶蛋白质一般并未变性,仅是抑制,有时可用物理或化学方法使酶恢复活性。

(3)去激活作用。用金属螯合剂除去能激活酶的金属离子,如常用的EDTA 除 Mg^{2+}、Mn^{2+} 等离子,可导致酶的活性改变。但这并不是直接结合,而是间接影响酶的活性。金属离子大多是酶的激活剂,故称这种作用为去激活作用。

抑制剂与酶的作用方式分为不可逆抑制和可逆抑制两类。前者是指抑制剂与酶活性中心的必需基团形成共价键,永久性地使酶失活;后者是使二者非共价结合,具有可逆性。通过透析、超过滤等方法将抑制剂除去后,酶的活性完全恢复。

6.4 生物催化剂的应用

生物催化的应用范围日益广泛,包括生产生物材料、手性药物、精细化学品、大宗化学品、生物能源和用于环境保护等。

6.4.1 生物催化剂在手性技术中的应用

生物催化也是手性技术研究的热点。手性技术包括不对称合成和外消旋体拆分两方面。由于化学手性催化剂的种类和数目有限,立构选择性不高,目前经常使用的对映体手性源和手性辅助试剂,往往价格昂贵,不易回收反复使用。作为生物催化剂的酶和微生物种类繁多,可催化众多有机合成反应,有高度的立体选择性;多年来也累积了丰富的经验,因此生物催化技术成为手性合成、手性拆分的首选方法。

6.4.1.1　酶催化还原

生物催化还原反应可通过氧化还原酶实施,特别是对脱氢、加氢过程。绝大多数的还原反应,可借助 Bakers 酵素生物催化制备手性合成纤维。传统上 Bakers 酵素(BY)能够将多种取代的羰基还原成羟基化物,这种还原依赖于脱氢酶的存在,遵循所谓的"预伐规则"。下述模式表达了此种还原的经典案例。

a. R= C_2H_5,55% e.e.;

b. R= C_8H_{17},97% e.e.(e.e.为 enantiomeric excess 的缩写,其含义为对映体过量)

酵素(BY)也能还原活化双键和少数官能团。在一种 α,β-不饱和酯(105)中,双键的加氢、缩醛对等体的水解,以及中间醛的还原,引生出手性羟基酯(106),连续环化成(S)-内酯(107)。同种不饱和物钾盐对映选择的加氢-水解-还原中,允许直接得到手性内酯(107)。限于篇幅,这里不再赘述其他相关案例。

6.4.1.2　酶催化氧化

生物催化氧化通常用氧化还原酶进行,而经纯化的酶惯常需要对底物具有催化活性的辅酶。如同还原反应一样,生物催化氧化是用微生物菌体进行,因为这些粗糙体系在其新陈代谢过程中,可以采用酶与辅酶的复合组织机体进行。已商业化的脱氢酶也能在很广泛的底物中实施氧化。对于手性化合物的对映选择性合成,最受欢迎的氧化反应是烯烃或芳烃系统中碳-碳双键的羟基化。例如,苯芳环衍生物的生物催化氧化(207a～d),以 $P_{p3q}D$ 作为生物催化剂,在实验室规模可氧化成二醇化物。

$$a. R=H$$
$$b. R=CH_3$$
$$c. R=CH=CH_2$$
$$d. R=Cl, Br, F, I$$

(207)　　(208)

$80\%\sim90\%$　　$10\%\sim15\%$

6.4.1.3　水解反应

在生物催化中,最具开发意义的是内消旋或外消旋混合体的手性底物在水溶液中进行酶催化水解,得到相应的手性产物。这类编号为(3.1.1.n)的水解酶,很多都已经商业化。它们能催化某种给定的化合物(如酯)的分裂反应,在水的作用下分裂成两种分子,即一个酸和一个醇。还有另一类水解反应,它们由另一类水解酶催化,水分子加入到底物上,如氰,只生成一种产物(酰胺)。

$$R^1COOR^2 + H_2O \xrightarrow{\text{水解酶}} R^1COOH + R^2OH（第一类水解）$$

$$RCN + H_2O \xrightarrow{\text{另一类水解酶}} RCNH_2（第二类水解）$$

水解酶的催化作用不需要辅酶,且产品常是大宗的,其中少数已获得工业应用,如脂肪水解酵素等。下述外消旋的酯[(±)-233],可通过酶催化水解得到对映选择性拆分产物醇(234)。其中,对 R^1 和 R^2 的结构几乎没有什么限制。如若底物选择得当,两种对映的纯醇和未转化的酯收率高达 50%。

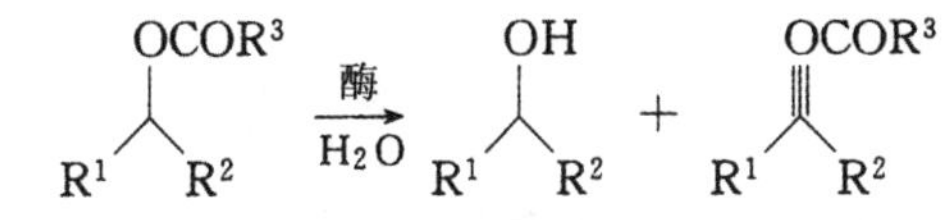

[(±)-233]　　(234)　　(233)

$R^1 = CH_3$、CCl_3、CHFCl 等；R^2 = Ph、CH_2Ph、

$CH_2CH_2CH=C(CH_3)_2$；R^3 为烷基

如图 6.6 所示，给出了青霉素酰化酶水解青霉素的主要化学变化过程，该工艺自 20 世纪 70 年代已经大规模使用，技术相当成熟可靠。

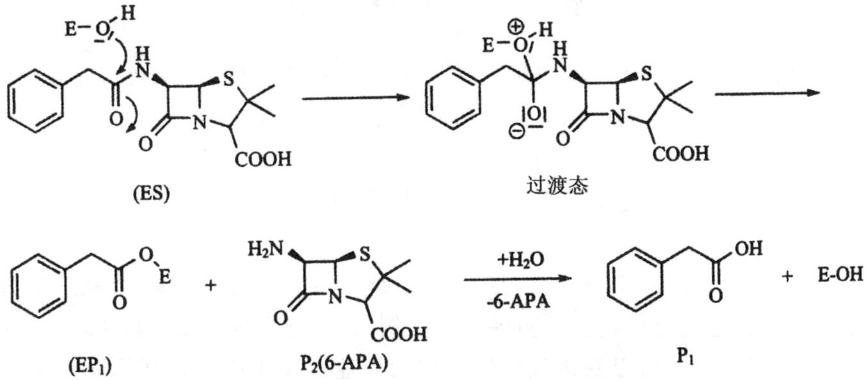

图 6.6　青霉素酰化酶水解青霉素

如图 6.7 所示，给出了葡萄糖异构果糖工艺的核心反应过程。该反应是一个平衡控制的反应，在异构酶的作用下葡萄糖逐步异构为果糖，异构酶在反应过程中相继经历开环、异构化、环闭合等一系列比较复杂的变化过程。

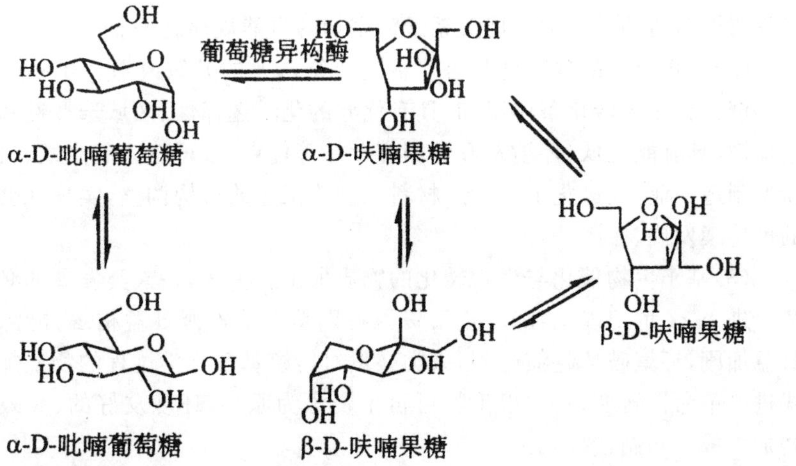

(a)

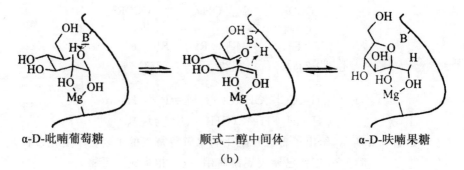

α-D-吡喃葡萄糖　　　　　顺式二醇中间体　　　　　α-D-呋喃果糖

(b)

图 6.7　葡萄糖异构化机制

其他如水合、酯化、酰胺化、碳-碳键生成、加成反应、消除反应等,在许多学术文献中都有大量报道,限于本书篇幅,这里不再列举。

6.4.2　酶催化在能源和环保中的应用

能源和环保是 21 世纪实现经济可持续发展面临的两个重大课题,生物催化技术在这两方面将发挥重要作用。例如,有机废料经发酵转化,既可以消除环境污染,又可以获得气体燃料作为工业或民用能源。利用固定化光化组合菌和兰细菌等生化反应装置,将废液中的有机物转化为氢,提供清洁能源。生物催化在解决当代资源、能源、环保等许多方面起着举足轻重的作用,已成为当前优先发展的高科技产业之一。生物催化研究的重要意义主要有以下几点:

(1)生物催化与生物转化一直是人类文明赖以生存和发展的基础。它又是与生命活动及人类发展关系最为密切的自然规律之一。

(2)生物催化的独特优势可以促进传统产业的升级改造。生物催化与化学催化相比较转化条件温和,具有优异的化学选择性、区域选择性和立构选择性,具有能耗低、环境友好和相容性好等优点,故可建立起高效、清洁的新型制造工业,促进化工、能源、材料等制造工业的机构调整,实现社会经济的可持续发展。

(3)基于生物催化与生物转化的物质加工新模式,是人类发展的必然趋势。进入 21 世纪以来,随着化石资源特别是石油资源日益枯竭,能源危机日益加剧,环境破坏越演越烈,人类必然对传统基于化学过程的物质加工模式进行革命性转变,转向以生物可再生资源为原料,环境友好的、高效的生物加工或生物制造模式。

（4）生物催化对我国的经济发展和国家安全具有重要的战略意义。我国目前的社会发展正面临着资源、能源和环境的日益挑战，开展生物催化和生物转化技术的应用研究和基础研究，具有重要的战略意义，应该加大投入、加强规划和领导并持之以恒，以求增强国力，缩短与国际先进水平科技的差距。

6.5　生物催化技术的发展趋势

生物催化的发展具有十分广阔的前景，目前西方发达国家均已不同程度地制定出今后数十年利用生物过程技术取代化工过程的战略计划。这将对化学工业、制药工业和农业在内的多种产业带来极其深远的影响。对于生物催化和生物转化的研究，目前国外的发展趋势是：发掘生物多样性研究；生物催化剂修饰、改造的基本方法研究；生物催化反应过程的研究。酶的固定化是酶催化实现工业化的重要条件之一，便于控制、重复使用，为工业化生产的规模化、连续化和自动化创造条件。这种将酶直接用于化工生产的反应系统称为生物反应器，是近十几年来发展的新技术，可用于工业生产、化学分析和临床诊断等多方面。

天然酶在手性合成的应用中遇到了一些无法解决的问题，如至今尚未发现催化 Diels Alder 反应和一些重排反应的酶，以及有些手性合成所需产物构型与天然酶催化产生的产物构型相反等。这促使化学家和生物学家去探索人工酶的设计和制造。人们将化学与免疫学相结合产生了催化抗体，又称抗体酶。经过多年的努力，目前科学家们已开发出近百种抗体酶，有些已商业化，为手性合成提供了新的机遇。

抗体是动物为了对抗外来物质的入侵而合成的一种蛋白质。诱导抗体形成的外来大分子称为抗原。抗体和抗原有特异的亲和性，这与酶和底物的结合非常相似，所不同的是，抗体具有可变性，而且还可以与形形色色的抗原相结合，这种结合估计多达 10^{11} 种。分子生物学研究表明，构成抗体的一个完整的可变化区，理论上可以有数以千计的组合方式，这就是抗体多样性的分子基础。酶催化的前提条件就是与底物的结合，如果使抗体获得酶那样的催化特性，那它就比酶更具优势，因为抗体的多样性可以大大拓宽其催化作用的领域，抗体的精细识别能力使之几乎可以与任何天然或人工合成的分子结合。将酶的高效催化能力和抗体的高度选择性巧妙结合的产物就是抗体酶或称催化抗体。抗体酶的化学本质是蛋白质，故与天然蛋白质酶有一定的相似性；天然蛋白质酶的催化活性是在自然界中历经数万年生物进化得来的,而抗体酶的催化活性仅经过数周由人工设计的生物进化演变而来。因此,抗体酶是一种没有自然进化完全的蛋白质酶。所以抗体酶的催化效率远不如天然酶,前者对底物的专一性和反应主体选择性也不及后者。但一种抗体酶可能催化多种化合物的转化,这又是其他蛋白质酶所不具备的。

第7章　环境催化技术

由于人口急剧增加,资源消耗日益扩大,人类赖以生存的耕地、淡水、资源占有量逐渐减少,人口与资源的矛盾越来越尖锐,人类的物质生活随着工业化的发展,人为排放的大量生活污染物和工业污染物导致人类的生存环境迅速恶化。这种严重现实迫使人们必须寻找一条既不破坏环境又可实施可持续发展的道路。调查表明,环境保护用催化剂在所有工业催化剂中的比重日益攀升,而人们对环境保护用催化剂的关注也日益密切。我国环境保护工程及环保催化剂的大规模启动晚于发达国家,环保催化剂的实际应用有待大力加强,同时这也表明,环保催化剂在中国将有潜力巨大的市场。

7.1　概　述

目前,令人担忧的全球环境污染问题日益严重,已使人们认识到环境恶化日益威胁着人类的生存和发展。因此,保护环境、消除污染已成为现代科学技术领域中的一项紧迫任务。当今全球面临十大环境问题是大气污染、臭氧层破坏、海洋污染、气候变暖、淡水资源紧缺和污染、土地退化和沙漠化、森林面积锐减、生物多样性减少、环境公害以及有毒化学品和危险废物的排放。其中,大多数直接与化学和工业生产有关。

环保治理单靠政府提出要求,靠法规和条款是远远不够的,要从根本上解决问题,就要将追求环保与具有竞争性的经济效益联系在一起,使产品生产和过程开发的企业领导从被动执行转为自觉的行动,于是就提出了环境经济概念。20世纪70年代以前,新产品、新工艺的开发,其主要推动力是市场和过程经济。70年代以后,观念有所改变,除市场和过程经济以外,还要同时考虑环境经济。1974年美国著名私人企业3M公司就提出"执行污染预防可以获得多方面的利益""污染物质仅是未被利用的原料""污染物质加上创新技术就可变为有价值的资源"等观点。

针对传统的能源消耗、传统的化学工艺和化工生产技术造成的环境污染,提出了环境友好工艺。要求创建绿色化学,又称环境无害化学,这是针对传统化学造成环境污染提出的新概念。绿色化学从源头上控制了污染,包括全程监控、清洁生产,是更高层次更成熟的化学。要求创建清洁化工,即不会造成环境污染的新型化工技术。对包括生产原料、产品设计、工艺技术、反应过程及设备、能源消耗等各个环节,实行全流程污染控制,生产出对环境无毒无害的新型产品,实现反应过程中废弃物的"零排放",最终成为代替现有末端治理的新型化工技术。绿色化学与清洁化工不单单追求环境友好,也追求经济效益的最大化。因为它利用了原料中的所有组分,来生产高附加值的新产品以增加利润,因而具有强大的生命力无经济效益的生产是空想的,不可能变成现实的。

近年来,环境催化已得到飞速发展,在所有催化剂中用于环境保护的催化剂所占比例日益攀升。作为一个新兴的研究领域,环境友好催化工艺主要包括如下几个方面:

(1)不影响生态的新型炼油、化学以及非化学催化过程。

(2)使废物排放最小化的催化技术和副产物少、选择性高的新催化反应过程。

(3)能够更有效地利用能源的催化技术与工艺(催化燃烧、燃料电池中的催化技术等)。

(4)降低燃油车辆对环境污染的催化技术(控制废气排放的催化技术,消除臭氧排放的催化技术)以及炼油工业中生产新型燃料的催化过程(超低硫燃料、重整燃料、将重馏分油转化为清洁燃料等)都属于环境催化的范畴。

大量的实践经验证明,环境催化一般具有如下特点:

(1)反应条件取决于上游单元。

(2)涉及的范围更广,催化剂种类繁杂多样。

(3)反应条件苛刻,反应难度较大。

环境催化的特殊性和苛刻条件要求发展原位的、在线的和表面敏感的研究方法,深入研究环境催化反应机理和催化剂构-效关系,以求在理论的指导下设计和改进环境催化体系。图 7.1 给出了发展环境催化原位研究的构想。在具体生产实践中,由于环境保护工艺的特殊性,对环保催化剂提出了不同于常规工业催化的要求,主要有如下特点:

(1)待处理有毒有害物质的废气或废液量巨大。例如,600MW 火力发电机组,烟道气量可达 $1.6Mm^3/h$。这就要求环保催化剂具有较高的机械强度,能承受流体反复的冲刷和压力降的反复波动。

(2)处理的有害物质的浓度往往很小,而处理要求却很高,通常在 $10^{-1} \sim 10^4 \, \text{mg} \cdot \text{L}^{-1}$ 之间。例如,硝酸尾气中所含氮氧化物的浓度通常在 $0.2\% \sim 0.4\%$,而要求脱除率达到 99.98% 以上因此要求环保催化剂具有很高的催化活性。

(3)被处理的气体和液体中,除了要脱除的目的毒物外,往往含有较多的杂质,如粉尘、酸雾、重金属元素、硫、砷、卤化物等,其中不少是催化剂的毒物。这就要求环保催化剂有较强的抗毒性能和稳定性、较好的选择性。

(4)环保催化剂本身就是用于治理环境的,要求不产生二次污染,同时也要求环保催化剂本身也必须是无毒的。

(5)环保催化剂的性能需随着环境标准的不断提高而加以改进。例如,最初的汽车尾气净化催化剂只需对 CO 和 $C_x H_y$,进行氧化处理,而现在则需处理 CO、NO_x 和 $C_x H_y$,并要求颗粒物也达到超低排放;再如对 SO_2 的排放要求已从单一的浓度控制到浓度与总量的双轨控制。

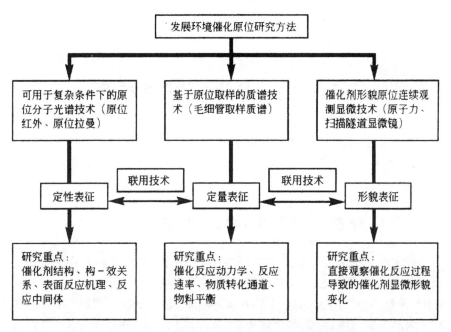

图 7.1 环境催化原位研究方法的构想

综上所述,环境催化与常规工业催化之间存在明显的区别,见表 7.1。

表 7.1 环境催化的特殊性

项目	工业催化	环境催化
目的与要求	利用催化技术生产各类化学品	利用催化技术解决环境污染
毒物的浓度	小于 1%（可以完全去除）	1%～20%（反应物的数百～数万倍,不可能除去）
反应条件	选择合适温度（423～773K） 合适空速（1000～10000h^{-1}） 反应工艺条件稳定可控	温度:300～1273K 空速:可达 $10^6 h^{-1}$ 反应工艺条件经常变动
反应物的浓度	可大于 90%（常规范同）	$10^{-9}\%$～$10^{-6}\%$ 数量级
催化反应器	多为固定式反应器	固定式 & 移动式

最后需要特别注意的是,其他一些用到催化技术的领域,例如对于使用者友好的技术、降低室内污染、消除污染点污染的催化技术也都可归属为环境催化。最后,还应考虑到催化剂本身在使用时和废弃后不会对环境造成污染。

7.2 空气污染治理的催化技术

当今大气环境的污染物主要包括 CO_2、NO_x、SO_x 和微粒尘埃等。在工业上,一般按照污染物产生或排放的源头的不同采用不同的催化技术来进行处理。

7.2.1 静态污染源的净化处理催化技术

静态污染源主要包括发电厂、水泥厂、工业锅炉、废弃物焚烧炉等烟囱排放的污染物等。这些过程产生大量危害环境的废弃物,如 SO_x、NO_x（NO、N_2O、NO_2 等）、CO_2（CO、CO_2）以及二噁英、氨、烃类。其中 N_2O、CO_2 和甲烷属温室气体,会引发全球变暖、冰川融化退缩、海平面上升、气候恶化、土壤沙化等一系列环境问题。NO_x 与烃类相互作用导致光化学烟雾,严重危害人体健康。SO_x,NO_x 会产生酸雨,破坏生态环境,危害生物的生存发展。如图 7.2 所示,给出了近 150 年来地球大气中主要污染气体的年排放量（N 以 NO_x 计,S 以 SO_2 计）。通过图 7.2 可以看出,20 世纪后半期引起大气污染的主要三类气体 CO_x、SO_x、NO_x 快速飙升,特别是在 60～70 年代急剧增加,其他温室气体也有相近的激增趋向,这与世界的能源和化工原料的结构有关。研究说明,这些气体中大多数,将在数十年甚至一两个世纪中积累和稳定,而不会在短期内重新消失。图 7.3 给出了一个由 SO_2 造成的大气污染后果的典型实例。

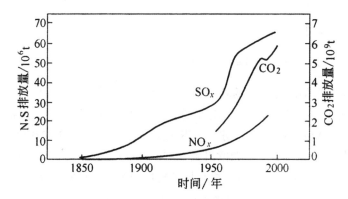

图 7.2　近 150 年来地球大气中主要污染气体的
年排放量(N 以 NO_x 计,S 以 SO_2 计)。

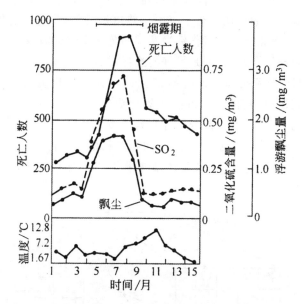

图 7.3 大气中 SO_2 和飘尘含量与死亡人数的关系

7.2.1.1　NO_x 的催化分解

尽管在非常高的温度下 NO 是一种不稳定的化合物,但其分解速率却很低,因此必须使用催化剂来加速分解。目前,已经有三类催化剂可用于

NO_x 的消除。一类是负载型金属复合氧化物，如 $La_{2-x}SrCuO_4/Al_2O_3$；另一类是负载型贵金属催化剂，如 Rh/Al_2O_3；第三类则是离子交换型的 Cu-ZSM-5 沸石或 Pt(Pd)-ZSM-5 沸石。但这种直接催化分解需在较高温度下进行，而且有效温区较窄（约为 $550\sim600℃$）。

值得一提的是，有人采用杂多化合物 $H_3PW_{12}O_{40}\cdot6H_2O$ 催化分解 NO，也有良好的效果。

7.2.1.2　NO_x 的催化还原与 SCR 技术

在静态污染源污染物的处理中，人们研究并成功发展了 NO_x 的选择性催化还原，也称 SCR 技术。NO_x 的选择性还原一般选用氨作还原剂，在催化剂作用下将 NO_x 还原为氮和水。SCR 技术是 20 世纪 70 年代初由日本学者开发成功的，后来在日本和西欧得到了广泛的推广应用。他们将 SCR 技术应用于热电厂及硝酸厂燃气涡轮机和垃圾焚烧炉等燃烧后的排放控制。

首先是 SCR 技术所用催化剂的选择。最早选用铂，随后发现以二氧化钛、二氧化硅为载体的五氧化二钒、三氧化钼、三氧化钨等都可用作 SCR 技术的催化剂。后来又开发出低温型和高温型两类催化剂，其中 V_2O_5/TiO_2 型催化剂受到最多的重视。对于应用于热电厂排放，最适宜的催化剂是以五氧化二钒、三氧化钼和三氧化钨为基础的负载型催化剂；对于应用于燃气涡轮机排放，分子筛型催化剂是最好的选择，铂最易受烟气中二氧化硫的毒害。Fe_2O_3 基催化剂可将二氧化硫催化氧化为三氧化硫，并形成硫酸铁。温度较高时，Cr_2O_3 基催化剂可使氨氧化成 NO，含 MnO_x、NiO 和 Co_2O_3 基的催化剂易为硫酸毒害，而分子筛则易导致失活。

在 SCR 技术的应用过程中，蜂窝块状结构催化剂得到了广泛应用。如图 7.4 所示，给出了一种 SCR 整体结构催化剂。表 7.2 列出了 SCR 催化剂的主要参数。

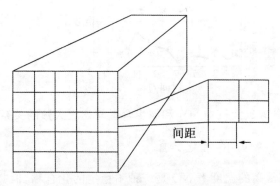

图 7.4　一种 SCR 催化剂的整体结构

表 7.2　SCR 催化剂的主要参数

参数	槽的数目			
	高粉尘		低粉尘	
	20×20	22×22	35×35	40×40
直径/mm	150	150	150	150
长度/mm	1000	1000	800	800
槽的直径/mm	6.0	6.25	3.45	3.0
壁厚/mm	1.4	1.15	0.8	0.7
比表面积/(m²/m³)	2.0	1.8	1.35	1.35
孔隙率/%	64	70	64	64

采用 SCR 技术将 NO_x 选择性还原的工艺,取决于 SCR 构件置于烟道净化系统中的位置和含硫量。如图 7.5 所示,为发电厂中 SCR 装置的 3 种位置,其对应如下三种方案:

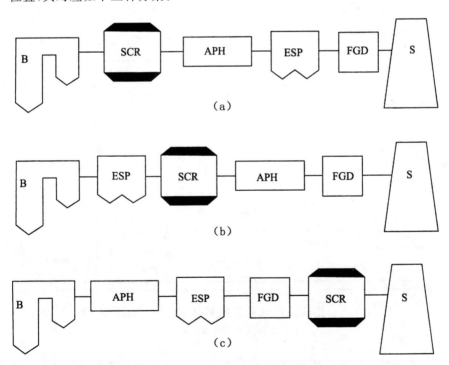

图 7.5　脱除 NO_x 的 SCR 工艺示意流程图

（1）将 SCR 单元直接置于锅炉之后，用其净化烟道气，这是"高粉尘"系统。

（2）将 SCR 单元置于静电除尘器（ESP）和烟道气脱硫（FGD）之间，属于"低粉尘"系统。

（3）将 SCR 单元置于空气预热器（APH）、ESP、FGD 之后，仅靠近烟囱。

在具体实践中，大多数 V_2O_5 型催化剂的 SCR 单元都采用第 1 种方案。在该位置上烟道气温度为 573～700K，符合一般操作温度范围。在更高温度下操作易使氨氧化，也会使催化剂烧结失活。

SCR 工艺可用于烟道气、工厂废气及其他排放气中 NO_x 的脱除，其示意流程如图 7.6 所示。还原剂可以使用气态氨，也可以使用液氨。氨在蒸发器内蒸发再用空气稀释，待混合均匀后注入工艺管线中。在工作过程中，由于催化剂结垢、催化剂失活、氨在烟道气中分布不均匀、当平行处理两股烟道气流时氨的分布不同等因素，氨自反应器中会出现泄漏现象，简称氨逸。但是，一般工艺要求 NO_x 脱除率为 80% 时只允许极低的氨逸。为了有效避免氨逸现象发生，需要特别控制 NO_x/NH_3 物质的量比，以确保 NO_x 的有效脱除。

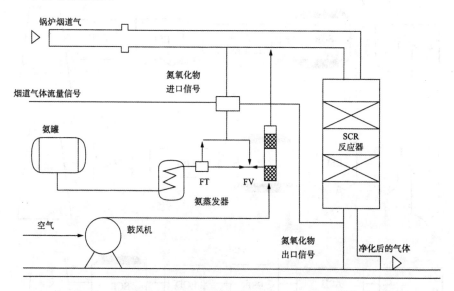

图 7.6　选择性催化还原氮氧化物工艺的示意流程

FT-传感器；FV-控制器

需要特别指出的是，氨不仅引起逸出问题，也引起运输和储存问题。解决的方法之一是运输和储存氨水。在 SCR 催化作用中的一些重要问题主要有以下几点：

(1)催化剂的化学和物理性质。

(2)催化剂体积的化学工程设计。

(3)催化活性随时间的退化。

7.2.2　动态污染源及三效催化技术

动态污染源主要是指机动车尾气排放的污染源,主要污染物包括 SO_x 和 NO_x。另外,空气中的氮和氧也可以反应生成 NO 和 NO_2。以汽油为动力的火花点燃式内燃机汽车尾气的典型组成如图 7.7 所示。

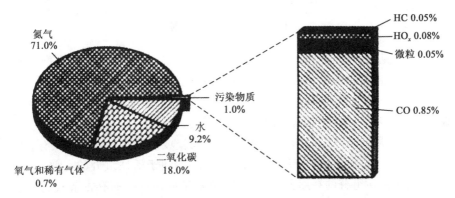

图 7.7　以汽油为动力的火花点燃式内燃机汽车尾气的典型组成
(图中数据均为体积分数)

7.2.2.1　三效催化剂

目前,汽车尾气净化广泛使用的是三效催化剂。在其使用条件下它可同时将尾气中的 CO、碳氢化合物(HC)和 NO_x 净化处理,达到环保要求的限制标准。三效催化剂主要由载体涂层和活性组分组成,置于汽车尾气催化转化器中,如图 7.8 所示。

(1)载体。就目前的应用情况来看,使用最多的载体为块状式,材质有陶瓷和合金两大类。

最常用的陶瓷材料为多 $2MgO \cdot 2Al_2O_3 \cdot 5SiO_2$,化学组成为 14% 的 MgO,36% 的 Al_2O_3,50% 的 SiO_2,另外还含有少量的 Na_2O、Fe_2O_3 和 CaO,商业上通常制成 $\phi125mm \times 85mm$ 的圆柱体或者 $\phi145mm \times 80mm \times 148mm$ 的椭圆体。材料本身主要由平均孔径为数微米的大孔构成,孔隙率(体积分数)20%～40%。整体制成蜂窝状,通道截面多为三角形和方形,通道孔分布可达 62 孔·cm^{-2},通道壁厚为 0.15mm,最薄可达 0.1mm。堆积

密度约为 $420kg \cdot m^{-3}$。这种载体的突出优点是抗热冲击性能优越,具有很低的热膨胀系数。

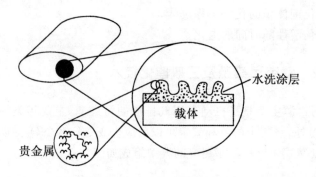

水洗涂层

载体

贵金属

图 7.8 三效催化剂

最常见的合金载体有不锈钢、Ni-Cr、Fe-Cr-Al 等材料。外观构型为蜂窝状,内部由交错的平板和波纹状薄金属片构成,厚度约为 0.05mm。这种载体材料的特点是机械强度高、传热快、抗震性好、压降低、寿命长等。合金载体为非多孔性的,在制备催化剂涂层时工艺较复杂。

(2)涂层。对于上面所述的载体材料(陶瓷或合金),比表面积只有 $2\sim4m^2 \cdot g^{-1}$。对于负载型催化剂来说太小,既不利于活性组分的有效负载,也不利于活性组分的高度分散,对吸附消除排放尾气中的有害杂质也不够有利。解决办法就是在载体表面再复合一层高比表面积的无机氧化物涂层,也称第二载体。涂层材料可选用氧化铝、二氧化硅、氧化镁、二氧化铈或二氧化锆等,也可以是它们的复合物。涂层材料的选用与制作是制造商的核心技术,涂层材料必须具备较高的热稳定性,能增强涂层中某重要组分的热稳定性,并且能协助或改善某些催化组分的功能。

(3)贵金属活性组分。用于汽车尾气净化的催化剂,早期多使用过渡金属 Fe、Co、Ni 等。由于它们对催化 CO、HC 和 NO_x 转化的活性较差,加之高温下抗硫性能欠佳,故目前三效催化剂普遍采用 Pt、Rh、Pd 贵金属作活性组分。Pt 能有效地促进 CO 和 HC 的催化氧化,也能促进水煤气的变换反应。它对 NO_x 的催化还原能力不及铑,但在还原性气氛下易使 NO_x 还原为氨。Rh 是催化 NO_x 还原的主要活性组分,在氧化气氛下还原产物为氮;在低温、无氧条件下的主要还原产物为氨,高温时的主要产物为氮。当氧浓度超过一定限度时,NO_x 不能有效被还原。Rh 对 CO 的氧化和 HC 的水蒸气重整也起到重要的催化作用。但是,Rh 的热稳定性和抗毒能力不及 Pt。

Pd 的起燃活性好,热稳定性也较高,只是对汽油中的铅和硫含量有更高的要求。钯主要用于催化 CO 和 HC 的转化。一般认为钯在高温下会与 Pt 和 Rh 形成合金,钯处于外层,对 Rh 的活性产生负面影响,三效催化剂的各贵金属之间有相互协同作用,总体起催化促进作用。

有关三效催化剂的性能影响因素以及失活等情况,这里分如下几种情况来简要讨论:

1)如图 7.9 所示,为影响三效催化剂性能的诸多因素,包括构成该催化剂的载体的选择及设计、基面涂层、活性贵金属的配比、整体催化剂的制备方法等,还包括转化器的结构设计及其操作运转工况。

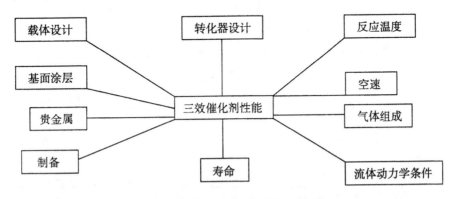

图 7.9 影响三效催化剂性能的因素

2)多相催化剂通常是在选定的反应条件区运转操作,可以人为强制监控,从而使其在某一最佳催化转化条件下运行,而汽车尾气净化催化剂的实际运行工况,与通常的多相催化剂有很大的不同。因为其操作条件是由发动机的运行速度和负荷来确定的,比一般化工反应过程的操作条件要恶劣得多。汽车用催化转化器尾气净化效果的示意图如图 7.10 所示。

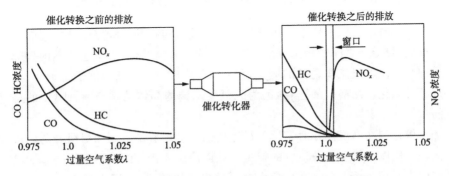

图 7.10 汽车用催化转化器尾气净化效果示意图

7.2.2.2 三效催化剂的失活

在将多相催化剂应用于化学和石油化学工业工艺过程时,一般要采取充分的预防措施以使催化剂的失活减小到最低程度,或者是将工艺过程设计成可以周期性地进行催化剂的再生。相反,汽车尾气排放控制催化剂应用量大,操作条件不可控,而且"原料"的预处理是不可能的。此外,立法要求催化剂的耐用性应和车辆寿命同数量级。因为这些特殊性,在汽车尾气排放控制催化剂的使用过程中,它们会经历许多失活现象,其中一些是可逆的,而另一些是不可逆的;汽车在行驶过程中由于震动导致的载体机械破损,由于温度急骤变化引发热应力导致的载体破损,都会使得催化剂不可逆地失活。燃料毒物化学吸附会导致三效催化剂失活,有的可逆,有的不可逆。如图 7.11 所示,通常低温操作时失活是可逆的,这意味着当催化剂在较高温度下操作时,这些失活现象是可被消除的,当然还与尾气的净氧化性或还原性相关。低温失活现象的例子有反应物和反应产物(如 CO_2)的物理吸附或化学吸附,各种硫氧化物与基面涂层氧化物之间的反应,以及贵金属的氧化。

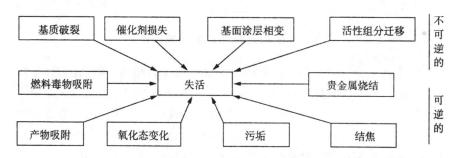

图 7.11　三效催化剂的可逆和不可逆失活现象概况

高温时的失活一般是不可逆的。这些反应包括基面涂层组分之间的固态反应,贵金属之间的固态反应。导致非均匀合金的生成;也包括不同贵金属和基面涂层氧化物之间的固态反应。后者的一个常见的例子是 Rh^{3+} 在过渡态氧化铝晶格中的迁移,因为三氧化二铑的晶体结构与 $\gamma\text{-}Al_2O_3$ 的是同型的。

催化剂在高温操作时发生的最重要的失活现象是基面涂层组分的内表面积损失以及贵金属分散度的损失。基面涂层氧化物的烧结会导致基面涂层内表面积的减小。这个过程也会导致贵金属的遮蔽,因为它们是负载在这些基面涂层氧化物上的。控制基面涂层内表面积损失的最重要的参数是温度。还应该注意到,各种基面涂层组分有不同的温度(热)稳定性。

贵金属的烧结会引起贵金属表面积的损失,并产生更宽的贵金属颗粒直径分布。贵金属烧结的程度除温度外,还取决于它们的初始分散度、贵金属和基面涂层间相互作用的性质、贵金属的类型和尾气的净氧化性。在氧化性尾气气氛条件下,铂烧结得更快,而钯则在还原性尾气气氛下烧结得更快。这种现象与这些元素在相应气氛下的氧化态是一致的,并且可以用这些金属和它们相应的氧化物之间在蒸气压方面的差别来解释。对于火花点燃式发动机,在使用过程中固体温度范围要比气体温度范围宽,这是由转化反应的放热性质引起的,而且在点火失败或车辆减速的条件下,对于没有装备合适的燃料切断装置的车辆来说,未燃烧的燃料会进入催化转化器。催化剂将会使未燃烧的燃料氧化,因此更急剧地提高它的温度。虽然催化剂前端尾气的温度迅速降低,催化剂本身的温度却由于未燃烧燃料的放热燃烧而升高,固体温度甚至可能超过 1600K,引起载体的熔化。

最后,应当提及由毒物元素引起的催化剂失活。贵金属基催化剂可以被硫氧化物毒化,硫氧化物主要来源于含硫燃料组分的燃烧;还可能被磷和锌毒化,它们主要来源于发动机润滑油中的某些添加剂;还可能被硅毒化,硅有时存在于某些发动机密封物中。同时,微量的铅过去是催化剂失活的重要因素。

7.3　工业废液的催化净化技术

7.3.1　工业废液及其对环境的影响

现代化学工业所排放废液的显著特点是量大、成分复杂。研究表明,其内主要含有油、硫、酚、氰化物,还有多种有机化学产品,如多环芳烃化合物、芳香胺类化合物、杂环化合物等。表 7.3 列出了现代化工行业废液的分类。

表 7.3　现代化工行业废液的分类

类别	序号	废水系统	主要来源	主要污染物
集中处理的废水	1	含油废水	程序过程与油品接触的冷凝水、介质水、生成水、油品洗涤水、油泵轴兑水、化验室排水	油、硫、酚、氰、COD、BOD
	2	化工程序技术	化工过程的介质水、洗涤水等	酚、醛、COD、BOD

类别	序号	废水系统	主要来源	主要污染物
集中处理的废水	3	含油雨水	受油品污染的雨水	油
	4	循环水排污	循环冷却水	油、水质稳定剂
	5	油轮压舱水	油品运输船压舱水	油
	6	生活污水	生活设施排水	BOD
局部处理的废水	1	酸碱废水Ⅰ	软化水处理排水	酸、碱
	2	酸碱废水Ⅱ	程序酸洗、碱洗的水洗水	酸、碱、油、COD
	3	含铬废水	机修电镀排水	六价铬
	4	含硫废水	油品、油气冷凝分离水、洗涤水	硫、油、COD
	5	含酚废水	催化裂化及苯酚、丙酮、间甲酚等生产装置废水	酚
	6	含氰废水	催化裂化、丙烯腈及化纤废水	氰
	7	含醛废水	氯丁橡胶、乙醇、丁辛醇生产废水	醛
	8	含苯废水	苯烃化、苯乙烯、丁二烯橡胶、芳烃生产废水	苯、甲苯、乙苯、异丙苯、苯乙烯
	9	含氟废水	烷基苯生产废水	氟
	10	含有机氯废水	环氧乙烷、环氧丙烷及环氧氯丙烷、氯乙烯生产废水	有机氯
	11	含油废水	油品油气冷凝水、洗涤水	油
	12	高COD废水	对苯二甲酸、甲酯废水	COD(上万毫克/升)
	13	冷焦、切焦水	焦化除焦废水	油、悬浮物

　　废液中的污染物，一般可概括为烃类和溶解的有机与无机组分。其中，可溶解的无机组分主要是硫化氢、氨化合物及微量的重金属；溶解的有机组分大多能被微生物所降解，但也有少部分难以被微生物降解。

　　包括炼油和石油化工在内的过程工业，都强调4R原则，即 Reduction（减少）、Reuse（再用）、Recycling（再循环）和（energy）Recovery（再回收）。最终目的是达到"零排放"。这种低能耗的清洁生产工艺，从源头开始，整个反应转化过程都实行控制，避免了污染，成为所谓的"绿色"加工工业。

7.3.2 湿空气氧化和催化湿空气氧化技术

湿空气氧化(WAO)是处理废水,尤其是含有毒物和高有机物废水的重要技术。第一次采用 WAO 处理造纸亚硫酸废液的专利出现在 1911 年。而真正工业应用技术是从 1954 年开始,挪威于 1958 年建立了第一台用 WAO 处理造纸废水装置,以后得到了推广。WAO 涉及有机或无机可氧化组分在高温(125~320℃)、加压(0.5~20MPa)条件下的液相氧化,采用气相氧源(常用空气)。采用高温加压是为了强化氧在液相中的溶解度,提供氧化强推动力。高压也为保持水处于液相。水作为热传递介质且以蒸发除去过剩的热。

有机废弃物经 WAO 氧化成 CO_2 和 H_2O,氮转化成 NH_3、NO_2 或 N_2,卤素和硫转化成无机卤化物和硫酸盐。温度越高、氧化完成程度越高,产物主要是低分子量的含氧化物,大多为羧酸。氧化程度主要是温度、氧分压、停留时间和污染物在反应条件下的可氧化程度。氧化条件的设置取决于处理的目的。在具体的应用实践中,WAO 技术遇到了如下两个重要问题:

(1)低分子量羧酸阻止进一步氧化。

(2)氮原子都变成 NH_3,它们进一步氧化也是十分困难的。

要使 NH_3 最终分解,操作条件为 270℃、7.00MPa,维持这样的 WAO 处理条件能耗很高,且 WAO 反应釜严重腐蚀。因此,人们开发了各种不同的催化 WAO 即 CWAO。对比处理污染废水的化学法、反渗透法、生化法和矿化法等,WAO 法在工业规模上具有如下显著优点:

(1)作为清洁氧化剂,适用于 COD10~100g/L 体系。

(2)自成封闭系统,与环境无相互作用。

(3)无任何的污染转移。

(4)应用于高有机含氮和氨体系,可回收机械能;COD 达到 20000mg/L 时,WAO 不需要任何辅助燃料,成为自维持体系。

(5)对比其他热氧化法,如非催化法 WAO,需要很少的燃料。WAO 的操作消耗主要是压缩空气动力和高压液泵,若采用适合的催化剂(CuO/ZnO、Ru、Ce 等),消耗会进一步降低。

目前,开发成功的 WAO 工艺有主要有如下三种流程:

(1)H_2O_2 加铁盐在 100℃ 左右的 WAO 流程,主要消耗氧化剂,仅限于 COD 0.5~15g·L^{-1} 体系。

(2)超临界状态下的氧化,操作费用高,且极高的压力和温度限制其发展。

(3)在催化剂参与下的 WAO,即 CWAO。

对于液相氧化反应,常以过渡金属盐作氧化催化剂,因为它们有多重价态。Fe^{2+}/Fe^{3+} 是广泛采用的体系。均相铜盐也是最活跃的均相氧化催化剂。Cu、Mn、Fe 是广泛采用的 CWAO 催化剂。催化剂制备可采用金属氢氧化物的共沉淀,随后在 $560℃$ 左右焙烧而得。专利文献中报道了在 O_3 或 H_2O_2 存在下由 ZrO_2、La_2O_3 和过渡金属或贵金属组成的 CWAO 催化体系。这里需要回收催化剂再用,会增加过程的操作成本。更重要的是催化剂在使用条件下要稳定,不能渗离出溶液体系。

近年来,为了控制水体污染,要求从水中脱除氮组分,特别是 NH_3,同样除去 COD 组分。一般要求不能超过 $0.02mg/L$ 的游离 NH_3。在有氧存在条件下 NH_3 自发转化成亚硝基和硝基化合物,所以打雷放电时河水中的氧含量会降低。为了维护水中生物的生存,氨氮浓度必须控制在 $1mg/L$ 以下。又由于 NH_3 难以进一步氧化成 N_2,故对水环境污染特别有害。急需开发一种在 WAO 分解有机物的同时,又能有效分解 NH_3 的催化剂工艺。综合相关的文献研究报道,能有效完全分解 NH_3 的污水处理工艺是 $270℃$、$7.0MPa$ 的 WAO,其缺点是操作费用较高,有设备腐蚀。最后采用 Ru/Al_2O_3 催化剂在 $180℃$、$3.0MPa$ 条件下,较之 WAO 工艺条件温和得多的 CWAO 工艺得到了 NH_3 的完全分解脱除。

图 7.12 给出了含氮($NH_4^+ + NH_3$)废水采用 Ru/Al_2O_3 处理的工艺简图,氨的 CWAO 反应方程为

$$4NH_4^+ + 4OH^- + 3O_2 \Longrightarrow 2N_2 + 10H_2O$$
$$NH_4^+ + 2OH^- + 2O_2 \Longrightarrow NO_3^- + 3H_2O$$

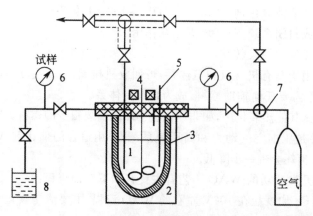

图 7.12 含氮($NH_4^+ + NH_3$)废水采用 Ru/Al_2O_3 处理的工艺简图

1—高压釜;2—电加热炉;3—玻璃容器;4—磁搅拌器;

5—热电偶;6—电压表;7—三通接头;8—吸收液

7.4　大气层保护与催化技术

大气污染、臭氧层破坏和全球变暖是当今世界面临的最主要的环境问题,如果不能有效治理,势必给人类的未来命运带来负面影响。接下来就大气层保护的催化技术展开讨论。

7.4.1　保护臭氧层的催化技术

在地球表面上空 $15\sim50km$ 处,有一层由 O_3 组成的大气,人们将它称为臭氧层,它对滤阻太阳紫外线对地球上生物的杀伤和破坏起到重要作用。臭氧是 O_2 受到阳光照射的产物。研究证明

$$O_2+h\nu(波长在\ 200nm\ 以下)\longrightarrow2O\cdot$$

$$O_2+O\cdot\longrightarrow O_3$$

但是,O_3 在一些自由基(FR・)存在下,可以通过化学反应

$$O_3+FR\cdot\longrightarrow FRO+O_2$$

$$FRO+O\cdot\longrightarrow FR\cdot+O_2$$

再转化成 O_2,从而造成臭氧层破坏。

地球上存在大量的氯氟烃化合物(如氯苯、氯代酚、氟利昂制冷剂等),很多作为废弃物向大气中排放。它们经太阳辐射发生游离基分解,造成对臭氧层的破坏。以 CCl_3F 为例,其与 O_3 的化学反应方程为

$$CCl_3F+h\nu\longrightarrow Cl\cdot+C\cdot Cl_2F$$

$$Cl\cdot+O_3\longrightarrow ClO\cdot+O_2$$

$$2ClO\cdot+O\cdot\longrightarrow Cl_2+\frac{3}{2}O_2$$

对于氯苯的处理,现在普遍采用催化加氢脱氯(HDC)技术。热(非催化)脱卤素用于含卤素化合物的技术已很成熟,但要在高温(1173K)下进行,完成脱除 HX 接近 99.95%。气相 HDC 反应的热力学分析表明,HCl 的生成是非常有利于反应进行的;如果在金属催化剂的参与下,会大大降低操作温度,降低所需能耗。这种差别主要在 HDC 和脱 HCl 之间,后者的 HCl 是分子内消除的,不需要外加 H_2 源,还能限制催化剂的失活。现在已经开发成功的过渡金属酶催化脱 HCl 技术,如 Co-维生素 B_{12}、Ni-F-430、Fe-苏木精等很有效。

与氟利昂制冷剂相类似的脂肪烃催化加氢脱卤素的研究也很活跃,普

遍认为 Pd/Al_2O_3 是最活泼的脱卤素催化剂。例如,很多学术文献都对 1-1-二氯四氟乙烷在 Pd/Al_2O_3 催化剂上加氢脱卤的机理进行了研究,限于本书篇幅,这里不再赘述。

7.4.2 控制温室效应气体排放的催化技术

温室效应是指由于大气层中的某些气体对太阳辐射的红外线吸收而导致大气层温度升高、地球变暖的现象。温室效应破坏了生态环境,对自然界和人类社会造成众多的危害。例如,近年来气候"走极端"的反常现象越来越明显,故引起全球的普遍关注。

造成温室效应的有害气体有 CO_2(44%)、CH_4(18%)、氯氟烃(14%)、NO_2(6%)、其他(13%)等。降低温室效应的主要手段有如下几种:

(1)降低 CO_2 的排放。CO_2 排放量的大户是热电厂和工业锅炉,都是使用燃煤、石油等矿物燃料。所以,降低 CO_2 的排放首先要提高能源的利用效率,采用可再生能源代替化石能源。催化技术的创新在这两个领域都大有可为。

(2)创新设计燃煤发电与联产合成气或液态燃料联合循环技术。例如,美国和欧洲规划的"Vision-21"基本上做到没有 CO_2 的排放。据德国《世界报》2005 年 12 月 13 日报道,最迟到 2020 年,欧盟第一座"CO_2 零排放电站"将并网发电;计划到 2050 年之前,欧洲所有以化石能源发电的电站,实现 CO_2 零排放。

(3)通过催化技术选择性催化转化 CO_2 为有用化学品。据报道(见 Angew Chem Int Ed,2003,42:5484~5487),有人将 CO_2 与环氧丙烷共聚合成聚碳酸酯,所用催化剂与传统的 Cr、Co 络合物不同,所得聚合产物的重均分子量为 3000~21000,不需加入添加剂,具有很高的立构选择性。

除上述几种途径外,净化和消除 CO_2 还有生物法和光催化转化法等。控制温室效应是全球的共同责任,150 多个国家签订了《京都议定书》,就是为了共同保护好人类赖以生存的地球生态。

7.5 环境友好的催化技术

催化技术的开发与使用,极大程度地推进了化学工业的现代化进程,对人类社会的经济发展起到了非常重要的作用,为人类生活创造了前所未有的物质成果。但是,化学工业的发展也给生态环境带来了极大的冲击,致使地球环境严重破坏。大量的调查研究表明,化学污染的很大一部分是由催化剂的使用引起的,包括工业催化剂的过度使用、不当使用。更加重要的是,很多催化剂对环境的破坏是不可避免的。于是,发展环境友好的催化技术,开发并应用对环境无害的催化剂,是催化工业发展的必然趋势。在短短10年左右的时间里,人们在环境友好催化技术方面付出了很大的努力,一系列高效、环保的工业催化剂不断问世。这些催化剂的使用,不仅有效地保护了生态环境,而且可以促使化工生产能够更加充分地利用原料中所有的组分,创造出高附加值的新产品,获得高利润。

7.5.1 "零排放"与绿色化学

自20世纪90年代以来,环境保护过渡到一种更加科学和更具经济效益的境界,即现今广为接受的绿色化学境界。绿色化学利用一系列原则,降低或者消除有毒物质的应用或发生于化工过程,包括设计、生产和使用等,具体可以概括为如下12条:

(1)防止废弃物的产生,而不是产生后再来处理。

(2)合成方法应设计尽可能将所有起始物嵌入到最终产物中去。

(3)只要可能,合成方法应设计成反应中使用和生成的物质对人体健康和环境无毒或毒性很小。

(4)设计的化学产品应在保护其应有功能的同时尽量使其无毒或毒性很小。

(5)尽量不使用辅助性物质(如溶剂、分离试剂等),如果一定要用,也应使用无毒物质。

(6)能量消耗应是越少越好,应能为环境和经济方面所认可,合成方法应在常温、常压下实施。

(7)只要技术上和经济上是可行的,使用的原材料应是可以再生的。

(8)应尽量避免不必要的派生过程(屏蔽基团、保护/去保护、物理/化学过程的临时性修饰)。

(9)尽量使用具有催化选择性的试剂,好过使用计量比试剂。

(10)化学产品的设计应保留其功能,而减少其毒性,当完成自身功能后不再滞留于环境中,可降解为无毒的产物。

(11)需要开发实时、跟踪监控的分析方法,且预先监控有毒物质的形成。

(12)化学物质及其在化工过程使用中的物态,应选择为潜在化学随机事故(包括气体泄漏、爆炸和着火)最小。

对于上述 12 条原则,应该以历史上为化学家所用过其他原则相似的精神去理解。例如,收率、选择性等。应该知道所有因素同时为最大是不可能的,但需要找出最高效益的最佳判据。

接下来,对上述 12 条原则的具体应用简单举例如下:

(1)原子经济。传统化学反应采用产物生成收率百分数作为成功判据。绿色化学采用原子经济评价反应物进入目的产物的效率。可用 Diels-Alder 反应和 Wittig 反应证明该原则。Wittig 反应是在精细有机合成中非常有用的反应,广泛用于合成带烯键的天然有机化合物,如角鲨烯、β 胡萝卜素等,Wittig 因此获得了 1979 年的诺贝尔化学奖。Wittig 反应收率可达80% 以上,但是反应物分子溴化甲基三苯基膦中,仅有亚甲基进入到产物分子中,即 357 份质量中只有 14 份质量被利用,原子利用率只有 4%,产生了278 份质量的“废弃物”氧化三苯膦。这是一个传统收率较理想而原子经济性很差的典型例证。因此探索既有选择性又具有原子经济性的合成方法,将成为新的热点。

$$ph_3P^+MeBr^- \xrightarrow{\text{碱}} ph_3P=CH_2 \quad \begin{matrix} R^1 \\ R^2 \end{matrix} C=O \quad \begin{matrix} R^1 \\ R^2 \end{matrix} C=CH_2 + ph_3PO$$

(2)防止废弃物生成。传统羰基化反应和甲基化反应中都采用光气,会产生有毒的副产物。现在采用碳酸二甲酯(DMC)取代光气进行相应反应,就免除了有毒废弃物的形成。这符合上述原则 1。在甲基化反应中还同时满足原则 3(不使用有毒试剂)和原则 12(消除了潜在化学随机事故)。

(3)健康无毒。合成方法中尽可能不用或少用对人体健康有害和毒害环境的化学品。以异丙苯的生产为例。传统的生产方法是苯和丙烯烷基化,采用磷酸或 $AlCl_3$ 作催化剂。两种催化剂都具有腐蚀性,且衍生出污染环境的废弃物。现在,Mobil/Badger 合成采用分子筛催化剂,既是环境友好的,又能获得高收率产物。新合成法的废弃物较少,满足了原则 1;需要更少能耗,满足了原则 6;使用无腐蚀的催化剂,满足了原则 12。限于本书篇幅,这里无法逐条举例。如原则 4,设计安全化学品。通过增加对反应机理和毒品学的了解,就能更好地预测会毒化环境的化合物或官能团,帮助化学家进行化学品的安全设计。

(4)安全溶剂和辅助试剂。溶剂、辅助试剂主要用于促进反应,但一般不需要嵌入最终产物,多数变成废弃物污染环境。所以应该尽可能使用环境友好的溶剂,如水、超临界 CO_2 等。反应设计时应该考虑到末端产物和未转化的反应物分离,应采用环境友好的分离技术。例如,C-C 耦合反应

该反应在水介质中以 In 作催化剂进行。反应不会产生氧化物爆炸,也无毒性,催化剂易于回收再用,具有更好的经济效益。另一个反应是采用微波活化氧化醇成羰基化物,不使用溶剂,其反应过程为

消除了传统使用 CrO_3 和 $KMnO_4$ 易造成环境污染的催化剂。原则 6 是关于能源效率和节约能源问题。能源应用有许多形式,如加热、制冷、高压、真空、超声波处理等。产物的分离纯化也要耗能。在特定的反应中为降低能耗采用催化技术是最有效的工具。这类例证很多,限于本书篇幅,这里不再列举。

(5)尽可能使用可再生资源,这是原则 7。例如,邻苯二酚的合成。传统上从苯出发,先用 H_3PO_4 催化,与丙烯反应生成异丙苯,再经氧化成苯酚,最后用 H_2O_2+EDTA 在 Fe^{2+} 或 Co^{2+} 催化下得到所需产物。原料苯是致癌物质,来自石油,是非可再生资源,合成路线长、能耗高,会造成环境污染。如采用生物催化、遗传工程 E.coli 作用下,从右旋葡萄糖出发,一步即得到产物,其反应过程为

生物催化法消除了有毒物质,符合原则 3;一步到位降低了反应能耗,也符合原则 6。

(6)尽可能使用安全物质及形态,尽可能减少化学事故发生。例如,异

氰酸酯的生产,传统采用光气,这是一种剧毒物质,易引发化学事故。Monsanto 公司开发了一条用伯胺、CO_2 和有机碱合成的新路线,避开了光气,整个过程无废弃物排放,也消除了引发化学事故的危险。

综上所述,现在人类正为实现绿色化学而不懈的努力,包括使用环境友好溶剂、设计可以生物降解的产品、代替使用有毒化学品等。在此过程中,催化技术将具有核心作用。预计在构建可持续发展经济中通过绿色化学途径,催化技术将起到一种基石作用。

7.5.2 择形催化技术

近年来,以 2,6-二烃基萘和 p,p-官能化联苯为基础的结构单元所衍生的液晶单体已引起人们极大的兴趣。2,6-二异丙基萘(DIPN)可以被选择性地氧化成若干种单体,如图 7.13 所示。这些单体可以共聚成各种专用高性能聚合物,例如聚-2,6-萘二甲酸乙二酯(PEN)。这类产品具有独特的由高度刚性和直链单体引起的棒状结构,因而具有特殊的性质,例如抗火性、在高温下的高机械强度和优良的可加工性。

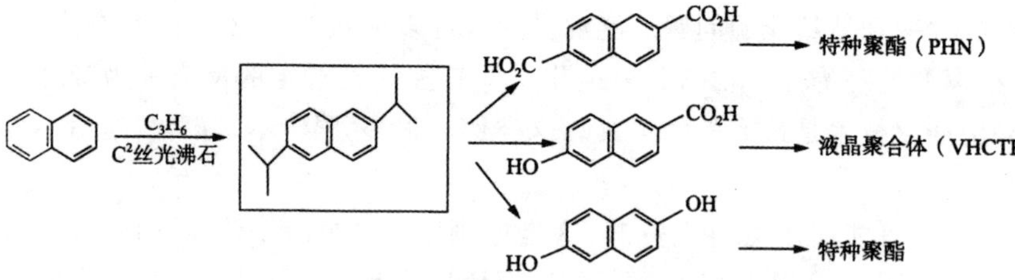

图 7.13 二异丙基萘的催化生产工艺

目前,这类产品的市场正在增长,如在录像带、包装、电子学和宇航等方面都有应用前景。这些材料的高强度使得它们可以被拉成比传统的聚对苯二甲酸乙二酯(PET)更薄的薄膜。1990 年后期,日本将 PEN 基录像带引入了市场,增加了录制容量。能否开拓新的应用领域并增大市场量,将取决于改进技术,降低成本。烷基化反应一方面是降低费用的一条重要途径,另一方面通过选择性催化剂设计对环境污染的第 1 级预防护具有重要意义。

图 7.14 所示是传统的用于萘烷基化的工艺。通过丙烯使萘烷基化,采用 $AlCl_3$ 或 SiO_2-Al_2O_3 为催化剂。这些催化剂按热力学比率产生所需的线性 2,6-DIPN 和不需要的非线性 2,7-DIPN,因此要求很高费用的分离步骤来离析 2,6-异构体。此外,生成了较大量的三和四异丙基萘。这些烷基化的 $AlCl_3$ 不能被再生,必须被水解并作为有毒的化学废物处理。

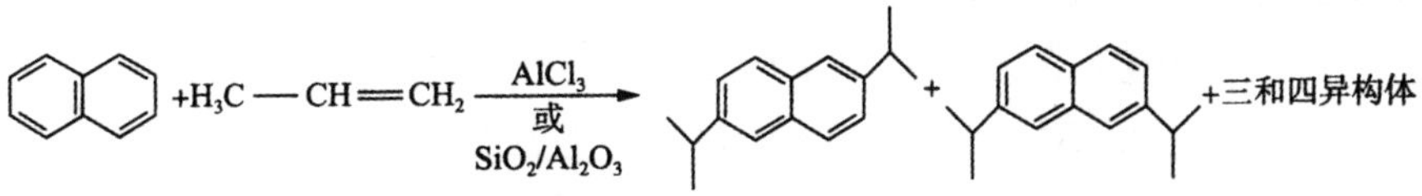

图 7.14　二异丙基萘(DIPN)的传统生产工艺

表 7.4 给出了以催化生产工艺过程为基础的实验结果。通过表 7.4 可以看出,具有大孔尺寸的无定形 SiO_2-Al_2O_3 在生成 2,6-和 2,7-DIPN 之间没有显示差别,尚无选择性,两种结构的热力学比率为 1∶1。而在另一种极端情况下,ZSM-5 沸石的孔径太小,不能以合理的速率生成任意一种异构体。

表 7.4　对 DIPN 单体合成的催化剂设计

催化剂	孔径/nm	2,6-/2,7-异构体比率	2,6-异构体/%
SiO_2-Al_2O_3	6.0	1.0	38
L 沸石	0.71	0.8	22
β 沸石	0.73	1.0	37
丝光沸石	0.70	2.9	70
ZSM-5 沸石	0.55	低活性	

对孔径范围为 0.6~0.7nm 的 3 种分子筛进行的研究表明,丝光沸石在选择性生产 2,6-DIPN 异构体方面是有效的,其 2,6-/2,7-异构体比率为 2.9。通过改善丝光沸石的孔结构,有可能进一步提高这种催化剂的性能。丝光沸石催化剂相对于 SiO_2-Al_2O_3 和 $AlCl_3$ 催化剂的优点是,可以减少高成本的分离费用,减少废物排放量,而且还减少副产物的生成,因为它是高选择性、无腐蚀和可再生的催化剂。

7.5.3　环境友好的溶剂催化技术

寻求非传统溶剂是绿色化工过程、化学反应的重要目标之一,已取得多种实用的体系。如超临界流体介质,包括 SC-CO_2(SC 表示超临界)、SC-C_3^0(丙烷)、SC-H_2O 等;室温离子液体(RTIL);氟两相体系(FBPS);无溶剂的相反应等。

SC-CO_2 和液态 CO_2 可以很好地溶解一般较小分子量的有机化合物,若再加入适当的表面活性剂,也可使许多工业材料如聚合物、重油、蛋白质、重金属等溶解。虽然 CO_2 是温室气体,但采用 SC-CO_2 不会带来大气层新的危害。因为使用的 CO_2 是从氨厂或天然气矿井副产回收的,利用后不会排放,易于由 SC-CO_2 蒸发成气体回收。美国 DuPont 公司采用 SC-CO_2 介质将 C_2F_4 聚合成氟塑料,早已商业化。传统的加氢反应因溶剂抑制 H_2 的溶解度,改用 SC-CO_2 则增加了加氢速度。

例如,在反应

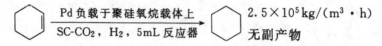

中,SC-H_2O($T_c = 374℃$),对于许多有机物超过其稳定性,温度过高。但是现在利用短接触时间 SC-H_2O 反应介质也取得了成功,如酚的异丙醇烷基化,其化学反应方程为

$$\text{(苯酚)} + \text{>—OH} \xrightarrow[30min]{\text{SC-}H_2O, 400℃} \text{(邻异丙基苯酚)} \quad 83\%收率邻/对比 > 20$$

如果在水中加入表面活性剂,与水形成乳状液,则 SC-H_2O 可溶解有机物及其他难溶物,可作为反应介质。

离子液体作为反应介质是许多研究发展的热点,目前主要涉及两个问题:一是经济成本较高;二是毒性,但可以通过调度阴离子和结构加以克服。一般季铵盐类价格不高,而且无毒。已有很多报道用 RTIL 作反应介质。值得注意的是,现今又有了如下两个新的进展:

(1)离子液体可溶解赛璐珞进行化学反应(见 JACS,2002,124:10276)。

(2)离子液体与 SC-CO_2 结合,可进行酶的酯化,且酶在其中比在水中热稳定性更高(见 Chem Commun,2002,692),反应物与产物在 SC-CO_2 层,酶在离子液体层,易于分离。

含氟的两相体系(FBPS)也是很受关注的研究开发领域。已知许多催化剂和含膦配位体主要用含氟相作反应介质。反应完成后经冷却两相分离,催化剂易在氟相中回收再用。所以该体系提供了另外一种不同的均相催化剂的"固相化"技术。相转移催化(PTC)是两相操作催化的一种特例,也有很多应用。

无溶剂的气相、液相或固相反应是很理想的。例如,乙烯用球磨碾碾进行 Wittig 反应,产率很高,已有报道(见 JACS,2002,194:6244)。无溶剂的新型单元操作如膜分离、热水萃取、熔融重结晶等都值得研究。

7.5.4　E 因子、原子经济与绿色化工生产

环境立法规范化工生产、化工过程需要采用清洁方法,即绿色化工生产。如工艺过程需要降解或消除废弃物的产生;避免使用有毒、有危害性的试剂和溶剂等。这种趋向需要从传统过程效率概念,即以收率概念移向消除废弃物的经济价值。

分析化学工业的不同门类和不同规模,可由生产每千克产物所形成的废弃物量来衡量化工过程的"绿色特征"。此量表示为化工过程的 E 因子,定义为

$$E\text{因子} = \frac{\text{废弃物量}(kg)}{\text{产物量}(kg)}$$

从大吨位过程产品过渡到精细化学品和制药时,由于后两类过程都使用计量化学反应,故 E 因子急剧增大。表 7.5 列出了不同化工门类、不同产物吨位的 E 因子。

表 7.5　不同化工门类过程的 E 因子

过程门类	产品吨位/t	E 因子/ (kg 废物/kg 产品)	过程门类	产品吨位/t	E 因子/ (kg 废物/kg 产品)
炼油工业	$10^6 \sim 10^8$	<0.1	精细化学品	$10^2 \sim 10^4$	$5 \sim 50$
大宗化学品	$10^4 \sim 10^6$	$1 \sim 5$	制药工业	$10 \sim 10^3$	$25 \sim 100$

废弃物是生产过程中除目的产物以外形成的所有其他物质,主要是无机盐[如 $NaCl$、Na_2SO_4、$(NH_4)_2SO_4$ 等],由反应过程中或后续的中和步骤所生成;也可能来自计量性的无机试剂(如计量金属氧化物)。从大吨位过渡到精细化学品之所以 E(因子急剧增大,一是由于精细化工和制药涉及多步合成;二是采用计量试剂代替催化剂所造成。由此也可看出催化技术的重要性。

原子的利用(R. A. Sheldon 于 1992 年提出)或原子经济概念是一种极有用的工具,由 B. M. Trost 提出(Science,1991,254:1471;Anew Chem IntEd,1995,34:259),可用以快速评价不同过程废弃物的发生量。定义为

$$\text{原子经济性} = \frac{\text{被利用原子的质量}}{\text{反应中所使用全部反应物分子的质量}} \times 100\%$$

原子经济性或原子利用率(%)与产率或收率属于两个不同的概念。前者是从原子水平上看化学反应,后者则从传统宏观量上来看反应。某个反

应尽管反应收率很高,但如果反应分子中的原子很少进入最终目的产物中,即反应的原子经济性很差,意味着该反应将排放出大量废弃物。只有实现原料分子中的原子百分之百地转变成目的产物,才能实现废弃物"零排放"的要求。比较是以 100% 收率为理论基础,为转变过程提供了内在效率的精确量度。从绿色化学观点看,反应的原子经济性为 100%,就具有本质的合成精度而无副产废弃物。

上述 E 因子和原子经济性两个概念,并未涉及对环境的直接冲击,需要有这方面的量度因子。为了比较不同合成路线对环境的直接冲击,要考虑废弃物的性质,故引入了 EQ 参量(*environmental quotient*),它是 E 因子乘以不友好商 Q。基于 EQ 值可表达过程对环境的冲击。例如,$NaCl$ 的 Q 值为 1,而重金属盐的 Q 值为 $100 \sim 1000$,这取决于其毒性、再循环利用的情况等。显然 Q 值的大小是可以争辩的,有可能基于 EQ 值定量评价流程对环境的冲击。

第8章 催化新材料与新型催化技术

除了前几章介绍的传统催化剂外,一些新型催化剂材料与催化技术在理论和应用方面取得了显著的成果,本章将介绍比较常见的催化新材料以及新型催化技术。

8.1 催化新材料

8.1.1 金属碳化物及氮化物

人们对金属氧化物和硫化物是很熟悉的,而且对其在催化领域中的应用也掌握了很多信息,并已经积累了大量的实验结果。经过长期的实验发现:金属或者金属氧化物在进行催化反应时,所生成的碳化物有着类似于贵金属的催化性能。从而激励着人们继续探索金属碳化物或氮化物在催化领域的应用。另一方面,人们曾使用 Mo 或 W 的氮化物,如 $\gamma\text{-Mo}_2\text{N}$ 和 $\beta\text{-W}_2\text{N}$ 作为切割工具的材料,因为它们有很高的硬度和耐高温属性。但是作为多相催化来讲,氮化物或者碳化物都必须具有较高的比表面积。1985 年,M. Boudart 与其团队合成了可作为催化剂的碳化钼和氮化钼,从此掀起了人们对这两类材料的深入研究。

8.1.1.1 金属碳化物和金属氮化物的结构

在这两类化合物中金属原子组成面心立方晶格(fcc),六方密堆积(hcp)和简单六方(hex)晶格结构,无论是哪种晶格结构,氮原子与碳原子则处于金属原子的晶格的间隙位置。一般而言,碳原子与氮原子占据了晶格中较大的间隙空间,如 fcc 和 hcp 结构中的八面体空隙,hex 结构中的棱形空间等。这种结构的化合物称为间充化合物(interstitial compound)。如图 8.1 所示。

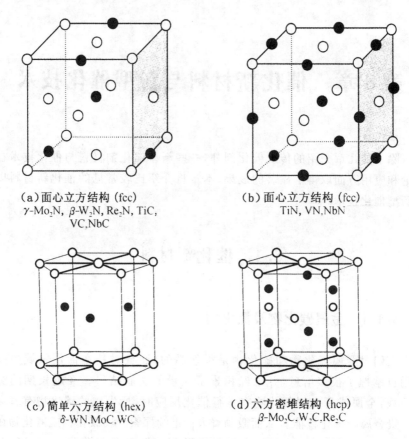

（a）面心立方结构（fcc）
γ-Mo$_2$N, β-W$_2$N, Re$_2$N, TiC, VC,NbC

（b）面心立方结构（fcc）
TiN, VN,NbN

（c）简单六方结构（hex）
δ-WN,MoC,WC

（d）六方密堆结构（hcp）
β-Mo$_2$C,W$_2$C,Re$_2$C

图 8.1　典型的过渡金属碳化物和氮化物结构

（空心圆和实心圆分别代表金属和非金属）

　　金属碳化物或氮化物的结构是由密切相关的几何因素及电子因素决定的。讨论其几何因素是根据 Häag 经验规则,即当非金属原子与金属原子的球半径比小于 0.59 时,就会形成简单的晶体结构（如 fcc、hcp 及 hex 等）。ⅣB~ⅤB 族金属碳化物和氮化物就属于这类结构。尽管这些碳化物和氮化物也形成这类晶体结构,但与纯金属形成的晶体结构还有不同之处,例如金属 Mo 是体心立方结构（bcc）,而稳定的 Mo 的碳化物是六方密堆结构（hcp）,稳定的 Mo 的氮化物是面心立方结构（fcc）。讨论电子因素时常利用 Engel-Brewer 原理来解释它们的结构。根据这一原理,一种金属或一种合金的结构与其 s-p 电子数有关。定性地说,随着 s-p 电子增加,晶体结构便由 bcc 转变为 hcp（hexyl closs package）再转变为 fcc。对碳化物或氮化物而言,C 原子或 N 原子的 s-p 轨道同金属的 s-p-d 轨道混合或再杂化将会增加化合物中 s-p 电子总数,其增加顺序是金属→碳化物→氮化物。一个典型的例子是 Mo 转变为金属碳化钼,进而向氮化钼结构的转变过程,即 $Mo(bcc) \rightarrow MO_2C(hcp) \rightarrow Mo_2N(fcc)$ 结构上的转变。IVB～VB 族过渡金属及相应碳化物和氮化物晶体结构的转变也呈这种趋势。

8.1.1.2　金属碳化物和氮化物的催化性能

由于金属氮化物和碳化物中 N 原子和 C 原子填充金属晶格中的间隙原子,而使金属原子间的距离增加,晶格扩张,从而导致过渡金属的 d 能带收缩,费米能级态密度增加,这就使碳化物和氮化物表面性质和吸附性能同Ⅷ族贵金属的性质十分相似。所以早期关于金属氮化物和碳化物催化性能的研究总是在同贵金属的特征催化性能的比较中进行的,其目的是寻找可替代贵金属 Pt、Pd 等非贵金属催化剂。已有的研究结果表明:Mo_2N、Mo_2C、WC 以及 TaC 等对己烯加氢、己烷氢解、环己烷脱氢等反应都有很高的催化活性,其稳定的比活性可同 Pt、Ru 相当,WC 和 MO_2N 对 F-T 合成反应生成 $C_2 \sim C_4$ 烃类的选择性相当高,而且具有较强的抗中毒能力。金属碳化物和氮化物对 CO 氧化、NH_3 的合成、NO 还原、新戊醇脱水等也表现出良好的催化能力。碳化物和氮化物对加氢脱氮(HDN)和加氢脱硫(HDS)反应也有很高的活性。例如,Mo_2N 和 Mo_2C 对喹啉的 HDN 反应活性可与商品硫化态的 $NiMo/Al_2O_3$ 催化剂齐名。氮化钼对 HDN 和 HDS 反应所具有的鲜明特点,在石油炼制过程中脱除有机硫化物和有机氮化物可大大降低氢的消耗,因此有十分重要的经济意义。

8.1.1.3　金属碳化物及氮化物的合成方法

因为在催化反应中须应用高比表面积的金属碳化物或氮化物,下面介绍几种常用的方法。

(1)金属或其氧化物同气体反应:

$$碳化物 \quad M + 2CO \longrightarrow MC + CO_2$$
$$氮化物 \quad MO + NH_3 \longrightarrow MN + H_2O + 1/2H_2$$

(2)金属化合物的分解:

$$碳化物 \quad W(CO)_n + H_xC_y \longrightarrow WC + H_2O + CO$$
$$氮化物 \quad Ti(NR_2)_4 + NH_3 \longrightarrow TiN + CO + H_2O$$

(3)程序升温反应方法:

$$碳化物 \quad MoO_3 + CH_4 + H_2 \longrightarrow Mo_2C + 3H_2O$$
$$氮化物 \quad WO_3 + NH_3 \longrightarrow W_2N + H_2O$$

(4)利用高比表面的载体加以负载：

$$碳化物 \ Mo(CO)_6/Al_2O_3 \longrightarrow Mo_2C/Al_2O_3$$

$$氮化物 \ TiO_2/SiO_2 + NH_3 \longrightarrow TiN/SiO_2$$

(5)金属氧化物蒸气同固体碳反应：

$$碳化物 \ V_2O_5(g) + C(s) \longrightarrow VC + CO$$

(6)液相方法：

$$碳化物 \ MoCl_4(THF)_2 + LiB(Et)_3H \longrightarrow Mo_2C$$

$$氮化物 \ [(Me)_3SiN]_3La + NH_3 \longrightarrow LaN$$

上述方法中，以程序升温方法制备的碳化物和氮化物应用较多，所以将用程序升温方法从 MoO_3 出发制备 Mo_2N 或 Mo_2C 的过程示于图 8.2。

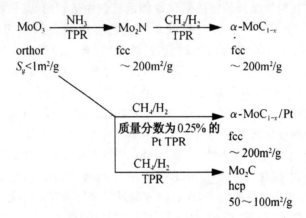

图 8.2　MoO_3 合成 Mo_2C 的图示

8.1.1.4　金属碳化物和氮化物在催化中的应用举例

(1)$\beta\text{-}Mo_2N_{0.78}$ 对噻吩加氢脱硫的催化性能。噻吩加氢脱硫反应是一个典型的加氢脱硫探针反应。在没有催化剂存在的条件下，即使在 420℃ 也检测不到 C_4 烃类，表明噻吩在此条件下不发生裂解反应，在 $\beta\text{-}Mo_2N_{0.78}$ 催化剂存在时，可在 320℃ 检测到较强的 C_4 烃类的色谱峰，表明 $\beta\text{-}Mo_2N_{0.78}$ 对噻吩有良好的加氢脱硫活性，其反应过程可用下式表述：

$$\text{(噻吩)} \xrightarrow{H_2} S + C_4^0$$

而且，β-$Mo_2N_{0.78}$ 与常用的 MoS_2 催化剂相比，对噻吩也有更好的加氢脱硫催化活性，如图 8.3 所示。而且 β-$Mo_2N_{0.78}$ 经 9h 的反应后，其晶体结构依然同反应前相同。

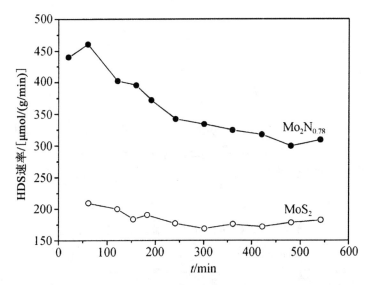

图 8.3　不同催化剂催化噻吩加氢脱硫的活性

（2）$Mo_2C(hcp)$ 和 $Mo_2C(fcc)$ 两种催化剂上 CO 加氢反应

1）$Mo_2C(hcp)$ 和 $Mo_2C(fcc)$ 的制备。MoO_3 先经 H_2 还原成金属 Mo，接着用 CH_4/H_2 混合气体进行碳化而得 $Mo_2C(hcp)$。将 MoO_3 在 NH_3 中还原便可得到 $Mo_2N(fcc)$，将 $Mo_2N(fcc)$ 在 CH_4/H_2 混合气中加热便可转变为 $Mo_2C(fcc)$。

2）$Mo_2C(hcp)$ 和 $Mo_2C(fcc)$ 对 CO 加氢反应的催化性能。如图 8.4 所示，在 $Mo_2C(hcp)$ 催化剂上生成甲烷的速率在反应的最初 50min 内随时间增长迅速而后缓慢下降，经 16h 后达到稳定的速率。但乙烯和乙烷的生成速率却从开始便低于甲烷的生成速率，但二者一直保持平行。$Mo_2C(fcc)$ 催化剂与 $Mo_2C(hcp)$ 催化剂对 CO 加氢反应有相似的催化性能，其主要区别在于，在 $Mo_2C(fcc)$ 催化剂上，虽然甲烷的生成率在 50min 左右的时间内迅速增加，之后增加变缓，至 250min 后出现速率的最大值。同样，乙烷和乙烯生成速率也远低于甲烷生成速率，乙烷的生成速率高于乙烯生成速率，而且两个反应速率一开始就保持平行。

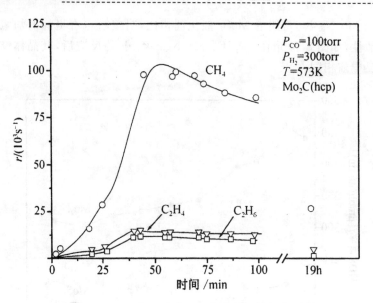

图 8.4　Mo₂C(hcp)上 CO 加氢的稳定态活性

注　torr 为非法定单位,1torr≈1.333×10² Pa。

8.1.2　非晶态合金(金属玻璃)催化剂

非晶态合金因其具有独特的各向同性的结构特征,而不具备长程有序排布,所以具有优良的催化性能。由非晶态合金代替传统的工业用催化剂,不仅有利于提高催化效率,而且可大大降低对环境的污染,是 21 世纪有望开发的一类高效、新型而且环境友好的催化剂。制备非晶态合金一般有两种方法:一是骤冷法,即将金属高温蒸发后骤然冷却使之生成金属粒子;二是化学还原法,将金属离子用适当的还原剂进行还原而得。但因骤冷法制备的非晶态合金的颗粒较大,所以导致比表面积小,热稳定性差。化学还原法制得的非晶态合金虽然可得到纳米级的颗粒,但热稳定性也不好。尽管后一方法制得的非晶态合金对一定的催化反应有较高的活性和产物的选择性,但由于成本高以及难以分离和再生使用,所以工业应用也多有不便。

为了解决非负载型非晶态合金材料用作催化剂的上述问题,近年来发展了负载型非晶态合金催化剂。非晶态合金催化材料迄今以 P 或 B 同金属构成的为多。负载的非晶态合金催化剂可大大降低生产成本,改善热稳定性,优化催化性能,为这类催化材料的工业应用提供了一条途径。另一方面,对阐述非晶态合金催化活性中心的本质及几何因素、电子因素的影响,也奠定了一定的研究基础。

8.1.2.1　负载型非晶态合金的制备

（1）负载型 M-P 非晶态合金催化剂的制备（化学镀法）。将载体在含金属盐和 NaH_2PO_2 的溶液中进行化学镀制。用此方法可制备 Ni-P、Co-P、Ni-Co-P、Ru-P、Ni-W-P、Ni-Pd-P 等二元、三元甚至多元负载型非晶态合金催化剂。

（2）负载型 M-B 非晶态合金催化剂的制备（化学还原法）。将载体先浸渍含金属盐的溶液，然后滴加 KBH_4（含 B 源）进行还原。用此方法可制备 Ni-B、Co-B、Fe-B、Ru-B、Pd-B、Ni-M-B（M：Co、Mo、W、Fe、Ru、Cu、Pd 等）二元、三元甚至多元负载型非晶态合金催化剂。

8.1.2.2　负载型非晶态合金催化剂在催化中的应用

（1）负载型 NiB 非晶态催化剂上常压气相苯加氢反应。苯加氢可生成环己烷，后者是生产尼龙纤维及许多化工产品的重要原料。尽管 Ni/Al_2O_3 催化剂用于苯加氢制环己烷的工艺比较成熟，但活性低，易于中毒。负载型 NiB 非晶态催化剂既具有高活性和选择性，又有良好的热稳定性。

以 NiB/SiO_2 为催化剂，常压下在 $100\sim200℃$ 温度范围内，苯的转化率和环己烷的选择性都可达 100%。NiB 的负载量在 $10\%\sim16\%$ 范围内，苯的转化率可保持在 100%（如图 8.5 所示）。

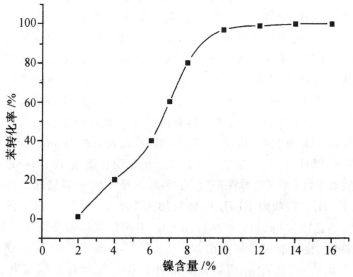

图 8.5　NiB/SiO_2 的镍含量对苯转化率的影响

负载型 NiB 的抗硫性能也相当优越。例如,苯中含 CS_2 为 $5\mu g \cdot g^{-1}$ 时,催化加氢经 400h 后,活性依然不变,CS_2 含量增加一倍,苯加氢活性依然可维持 250h。

苯加氢生成环己烷的反应机理:一般认为这个反应是按 H—L 机理进行的。

$$C_6H_6 + Cat \rightleftharpoons C_6H_6—Cat \qquad (8.1)$$

$$H_2 + Cat \rightleftharpoons 2H—Cat \qquad (8.2)$$

$$C_6H_6—Cat + H—Cat \longrightarrow C_6H_7—Cat + Cat \qquad (8.3)$$

$$C_6H_7—Cat + H—Cat \longrightarrow C_6H_8—Cat + Cat \qquad (8.4)$$

$$C_6H_8—Cat + H—Cat \longrightarrow C_6H_9—Cat + Cat \qquad (8.5)$$

$$C_6H_9—Cat + H—Cat \longrightarrow C_6H_{10}—Cat + Cat \qquad (8.6)$$

$$C_6H_{10}—Cat + H—Cat \longrightarrow C_6H_{11}—Cat + Cat \qquad (8.7)$$

$$C_6H_{11}—Cat + H—Cat \longrightarrow C_6H_{12}—Cat \qquad (8.8)$$

其中,(8.1)大大快于(8.2),而(8.3)是控速步骤。(8.4)~(8.8)是快速反应步骤。这样,Ni 负载量太低时,催化剂上就没有足够活性位用于吸附 H_2,而没有被吸附的 H_2 是不能与苯反应的。因此,催化剂活性很差甚至没有活性。当苯不是完全转化时,强吸附的苯牢牢占据着活性位,于是催化剂很快失活。停止通苯后,用氢气吹扫,当残留的苯被反应掉后,活性很快就恢复了。

(2)NiB/SiO_2 环戊二烯 CPD 加氢制环戊烯 CPE。因为环戊烯中的双键具有很高的化学活性,所以是化学工业中重要的基本原料。由于环戊二烯加氢生成环戊烯需经两步进行,其中第一步的活化能比第二步的活化能高,所以不可能在常规的气-固相反应条件下使这一加氢过程完全生成环戊烯,而且在第一步未转化的环戊二烯易于聚合而使催化剂失活以及使环戊烯的收率下降。因此,需研制适合工业生产需要的适用于此反应的高效催化剂,使环戊二烯的转化率达 100% 时,环戊烯的选择性也可接近 100%。NiB/SiO_2 催化剂就具有这种异常良好的性能。

1)NiB/SiO_2 催化剂的制备。将 10g 硅胶(比表面积:$200m^2 \cdot g^{-1}$,平均孔径:17.5nm,网目:40~60)放在 $1mol \cdot L^{-1}$ 的 KBH_4 溶液中($pH=13$),经 2h 后将硅胶取出,用 95% 乙醇洗涤后,在室温下经空气干燥以除去硅胶上非吸附的 KBH_4。将吸附 KBH_4 的硅胶加入 10mL 2mol/L $NiCl_2$ 溶液中并搅拌 4h,黑色颗粒用 15mL $0.01mol \cdot L^{-1} KBH_4$ 水溶液洗涤,再用蒸馏水彻底洗涤后,将硅胶浸渍物放在 N_2 中于 70℃ 干燥 2h。经 ICP(诱导耦合等离子光谱法)测试表明,所制备催化剂中 B 含量为 4.3%,相当于 $Ni_{0.80}B_{0.20}$,此外应用 X 射线衍射技术测定所制样品的结构,如图 8.6 所示,样品的 XRD 谱图表明,载体 SiO_2[(a)]只在 $2\theta=28°$ 左右出现一特征宽峰;

反应后 NiB/SiO₂[(b)]和 NiB/SiO₂ 在 120℃加氢反应 500h 后[(c)]几乎有相同的峰谱,即在 $2\theta=45°$ 左右出现弥散的 NiB 峰;在氮气中于 400℃处理 2h 后的 NiB[(d)]与(c)有相同的弥散峰,显示出这种样品有一定的热稳定性;但经 450℃于氮气中处理 2h 后的 NiB/SiO₂ 则出现结晶态 Ni 的衍射峰(e)。

2)环戊二烯加氢反应的催化性能。应用内径为 0.8cm 的玻璃管状固定床反应器进行加氢反应,环戊二烯在 95℃经蒸发后以 N₂ 和 H₂ 的混合气为载气通入反应器。在 NiB/SiO₂ 催化剂上环戊二烯加氢制环戊烯的催化性能示于图 8.7。该图给出反应温度对环戊二烯[CPD 进料量$=10g \cdot (g\ cat)^{-1} \cdot h^{-1}$;$H_2$:CPD1.6：1;GHSV$=24000h^{-1}$](CPD)转化率和环戊烯(CPE)选择性的影响。由图可知在 80～200℃范围内,环戊二烯的转化率几乎不变,而且环戊烯的选择性仅有 1～2 个百分点的降低;进一步升高温度导致催化剂的性能降低。这是由于环戊二烯在 NiB/SiO₂ 表面上发生聚合的结果。在相同的反应条件下,如应用传统的 Pd/Al₂O₃ 催化剂,环戊二烯转化率和环戊烯选择性分别只有 33％和 70％。

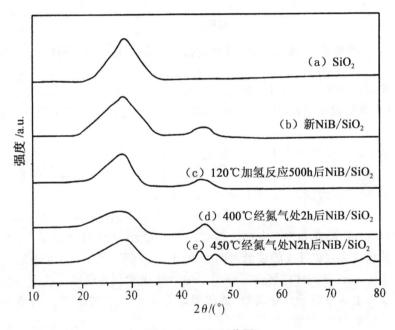

图 8.6　XRD 谱图

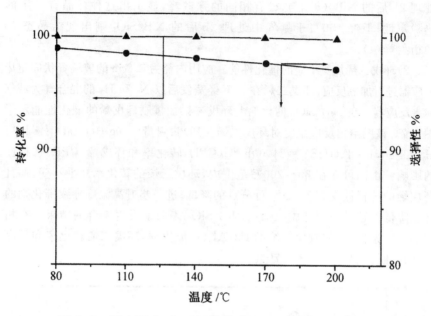

图 8.7 反应温度对 CPD 转化率和 CPE 选择性的影响

实验还表明，NiB/SiO_2 催化剂在此加氢反应中，在 120℃经 500h 运转，环戊烯的收率仍在 $97\%\sim100\%$，环戊二烯的进料量仍可保持在 10g·$(g\ cat)^{-1}$·h^{-1}。

为了进一步考察 NiB/SiO_2 催化剂对环戊二烯加氢生成环戊烯反应的催化性能，还对载气流速对环戊二烯转化率和环戊烯选择性的影响进行了研究。因为加氢反应是一个强放热反应（$\Delta H_1=-99.35kJ/mol$，$\Delta H_2=112.2kJ/mol$），所以在反应中需用介质将释放的热量导出。本反应中是以 $N_2/乙醇$混合物作为热导介质。另一方面，还可借改变 $N_2/乙醇$混合物的流速来调解反应的接触时间。由图 8.8 可见，当 N_2 的流速在 $40\sim160mL·min^{-1}$ 范围内变化时，环戊二烯的转化率和环戊烯的选择性保持不变。以上实验结果充分说明，负载型非晶态的 NiB/SiO_2 是十分理想的环戊二烯的加氢催化剂。

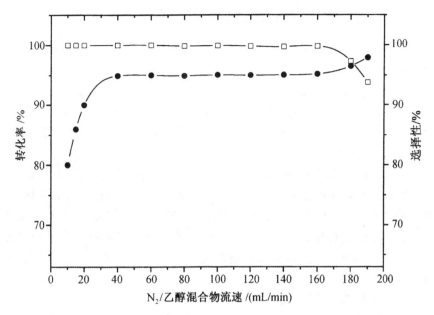

图 8.8　N₂ 进料量对 CPD 转化率和 CPE 选择性的影响

［CPD 进料量＝10g・(g cat)$^{-1}$・h，H₂：CPD＝1.4：1，温度：120℃］

8.1.3　金属有机框架材料及应用

8.1.3.1　概述

金属有机框架(Metal-Organic Frameworks，MOFs)材料是一类由金属离子或原子簇与多齿有机配体通过配位自组装形成的具有周期性网络结构的多孔晶体材料。MOFs 材料在早期也被称为配位聚合物(coordinarion polymers)，然而在该命名下归类的材料更为宽泛，其中不仅包括多孔晶体材料，还包括一维或二维的非孔晶体材料。本节所讨论的 MOFs 材料，隶属于配位聚合物，就结构而言，仅包含二维或三维的多孔骨架晶体材料。这类多孔材料的结构是由金属离子与有机桥连配体通过配位成键得到的，因此，同时具有无机材料和有机材料的特点。正是由于这些特点，使得它与传统的多孔材料有很多相同之处又有一些不同之处，从而也大大拓宽了该材料的应用领域。自 MOFs 材料于 1999 年由 Omar Yaghi 研究小组报道并命名以来，已经成功用作气体吸附储存材料、气体及小分子分离材料、传感器及荧光发光材料、药物缓释载体以及本节中要重点介绍的非均相催化材料。

8.1.3.2　MOFs 材料的制备

MOFs 材料的合成一般采用一步法在液相中进行,一般使用纯溶剂或者混合溶剂,通过结构单元的自组装形成有序的晶体骨架结构。合成方法为将包含金属离子与有机配体的溶液组合,在适当的温度下进行合成,有时还需要加入一定的辅助物质以促使晶体的形成。合成结晶态的 MOFs 材料过程中,需要避免沉淀而生成无定形产物。通常 MOFs 材料的合成温度不超过 250℃。

在 MOFs 材料合成中,具有良好溶解性的金属盐类均可被用作金属组分,如过渡金属、主族金属和稀土金属。常见的有机配体包括含氧配体(如有机羧酸类)、含氮配体(如吡啶、咪唑类)、含磷配体(如有机磷酸类)及混合配体。为了得到稳定的 MOFs 结构,在金属离子与配体的选择上要遵循 Pearson 的软硬酸碱理论,尤其在选取混合配体与金属离子配位时要格外注意。

MOFs 材料常见的合成方法有以下几种:

(1)溶剂挥发法或扩散法。室温条件下的合成通常采用溶剂挥发或扩散法,与传统的配位化学合成手段类似。这种方法的优点在于容易得到晶形较好的单晶,常用于以得到新结构为目的的材料合成,然而此方法产率较低,合成时间较长,在以催化应用为目的的合成中较少使用。

(2)水热或溶剂热反应法。水热或溶剂热反应法是有机配体与金属离子在高温环境及密封体系中,在有机或无机溶剂产生的自生压力下进行反应的方法。这种合成手段是 MOFs 材料研究以应用为主时广泛采用的合成方法,许多在常温常压下无法进行的合成反应可在此条件下发生,反应时间比溶剂挥发法和扩散法大大缩短,具有所得晶体质量较好、产率高、易于大量合成等优点。

(3)微波合成法。微波合成法的优点在于大大缩短了 MOFs 材料合成所需的时间,一般微波合成所需的时间仅为 5～60min,非常适用于合成条件的摸索。需要注意的是,水热或溶剂热反应法能够得到的结构,采用微波合成法不一定能够得到,这是由于热力学控制的产物易于用微波合成法得到,动力学控制的产物则不易得到(需长时间反应)。此外,微波合成也要注意选择微波吸收好的溶剂,如:甲醇、乙醇、N,N-二甲基甲酰胺、二甲胺、N-甲基吡咯烷酮、四氢呋喃等,如果使用微波吸收不好的溶剂,如二氧六环、甲苯等,则很难达到所需的温度条件。

(4)其他合成方法。主要包括电化学合成、超声合成、机械研磨合成等方法。其中,电化学合成法由于其绿色环保且廉价,已经被德国巴斯夫公司作为部分 MOFs 材料的商品化合成方法。

8.1.3.3 MOFs 材料的应用领域

迄今为止,MOFs 材料作为催化剂在实验室规模的考查已经用于多种反应,如氧化、开环、环氧化、碳—碳键的形成(如甲氧基化、酰化)、加成(如羰基化、水合、酯化、烷氧基化)、消去(如去羧基化、脱水)、脱氢、加氢、异构化、碳—碳键的断裂、重整、低聚和光催化等诸多反应。

然而,考虑到 MOFs 材料的热稳定性及水热稳定性方面的不足,MOFs 材料不适于反应温度高于 300℃ 的炼油或石油化工过程的催化反应。但是,对于一些低温反应,具有高度分散的金属活性位点的 MOFs 材料不失为催化剂的一种好的选择。已有报道,以 MIL-101 为基体的功能化 MOFs 催化剂可在低温下催化 n-C$_5$ 和 n-C$_6$ 甚至 n-C$_7$ 和 n-C$_8$ 烷烃的异构化,在 H$_2$ 存在下,可长期保持催化活性。此外,一些高附加值的反应,如精细化学品、精细分子、单旋体的制备,反应条件一般比较温和,但对催化剂的性能要求较高,这类反应也可以考虑选取 MOFs 材料作为催化剂。最后,MOFs 材料的孔尺寸的跨度比较大,当一个反应中的原料和产物的扩散速率不需要受控制时,具有大孔的 MOFs 材料非常有用。

下面根据反应类型的不同,分别介绍 MOFs 催化剂的几类典型应用。

(1)MOFs 材料催化酸碱反应。部分 MOFs 材料含有的不饱和金属活性位点为 MOFs 材料提供了 Lewis 酸催化中心。苯甲醛的硅氰化反应经常被用作检测 Lewis 酸催化活性的模型反应。由于该反应并不需要很强的 Lewis 酸性位点,反应条件温和,反应得到的产物是很有用的中间体,可用于转化成其他化合物,因此很多具有不饱和金属活性位点的 MOFs 材料,如常见的 HKUST-1、MIL-101、MOF-74 等(图 8.9)都被用作该反应的催化剂。

此外,Knoevenagel 缩合反应,如图 8.10 所示,经常被用作带有碱中心的 MOFs 材料催化的模型反应。常见的含有氨基或胺类物质,具有碱中心的 MOFs 材料,通常其有机基团具有一定的碱性,可用于催化缩合反应。

(2)MOFs 材料催化氧化反应。催化液相氧化是 MOFs 材料最常应用的催化领域,从烯烃氧化、稠环芳烃氧化、醇氧化、氧化脱硫到对映选择性环氧化都有广泛涉及。所采用的 MOFs 材料孔尺寸可以从微米到纳米不等,孔道或空穴的维度丰富多样,使得 MOFs 材料能够应用于沸石分子筛难以实现的一些催化反应。

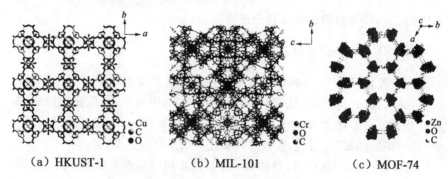

（a）HKUST-1　　　　　（b）MIL-101　　　　　（c）MOF-74

图 8.9　含有不饱和金属活性位点的 HKUST-1、
MIL-101 及 MOF-74 的结构堆积图

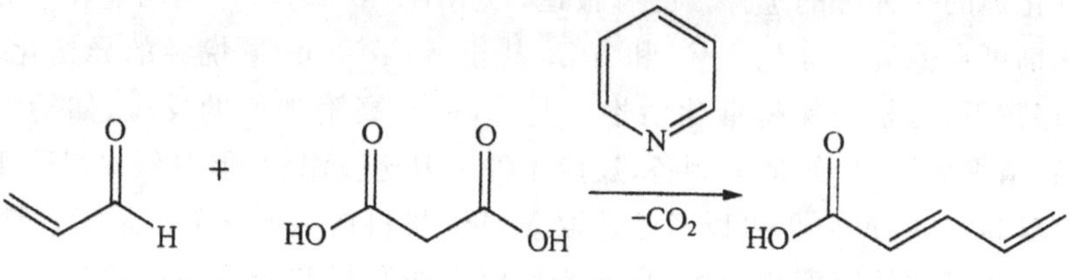

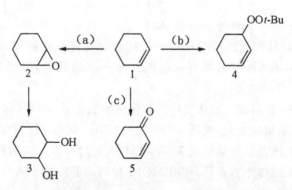

图 8.10　丙二酸与丙烯醛缩合反应示意图

如图 8.11 所示,通过选取不同金属活性中心的 MOFs 材料作催化剂,可以对环己烯实现不同的选择氧化反应。例如,选取含钒的 MOFs 材料 MIL-47 作催化剂,则以反应路径(a)为主,通过直接氧化生成环氧环己烷(2),并可以进一步发生开环反应生成 1,2-环己二醇(3);如果选取含钴的 MOFs 材料 MFU-1 作催化剂,则反应以路径(b)为主,通过自由基反应生成叔丁基-2-环己烯基-1-过氧化物(4);如果选取含 Ni 的 MOFs 材料 MOF-74 作催化剂,则反应以路径(c)为主,通过烯丙基氧化反应生成环己烯酮(5)。

图 8.11　叔丁基过氧化氢作为氧化剂的环己烯氧化反应路径

　　MOFs 材料在催化液相氧化方面的研究报道很多。最近,比利时根特大学的 van der Voort 研究组合成了一种镓联吡啶二羧酸 MOFs 材料(COMOC-4),并通过后合成修饰法首次在 MOFs 上引入了高价态 Mo(Ⅵ)离子,得到一种双金属 MOFs 材料,如图 8.12 所示。该材料具有良好的水热稳定性(50℃,24h),并在液相中表现出了良好的催化及可再生性能(环辛烯氧化物的选择性大于 99.9%,循环使用 3 次)。该体系的催化反应机理如图 8.13 所示:MOFs 材料上的 MoO_2Cl_2 活性物种首先跟过氧化叔丁基反应,生成不稳定的、配位数为 7 的金属配合物,这种新型配合物作为反应的活性中间体与环辛烯作用,生成环氧化环辛烷。

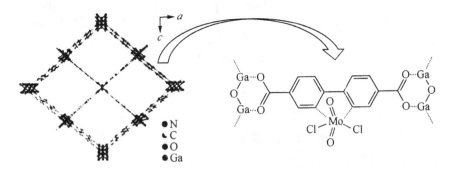

图 8.12　MoO_2Cl_2 改性的 COMOC-4 骨架示意图

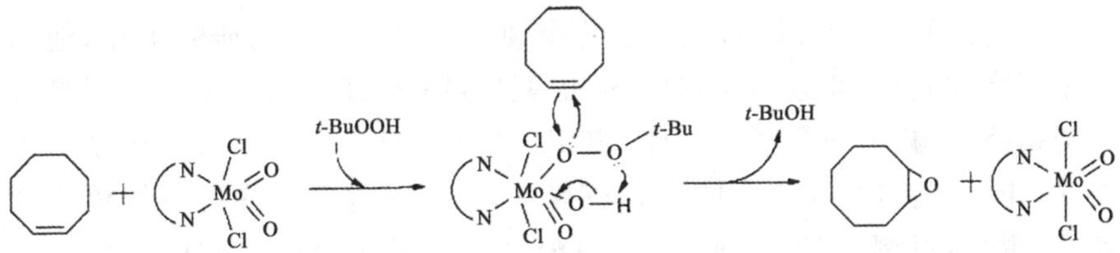

图 8.13　MoFs 材料 COMOC-4 催化剂上环辛烯催化反应机理

　　国内外也相继开展了 MOFs 材料用于催化氧化脱硫反应的研究,并取得了一定进展。Monge 研究组合成了一系列稀土 MOFs 材料,以过氧化氢作氧化剂,发现该系列材料对硫醚的催化氧化脱硫反应表现出较好的催化性能。我国的卢玉坤副教授所在研究组选取了几类稳定性较好的 MOFs 材料作为载体,固载了新的活性组分,如杂多酸或者钒氧化物等,制备的催化剂用于催化氧化噻吩类的含硫化合物时表现出良好的活性。

　　(3)MOFs 材料光催化。利用太阳能光催化 CO_2 还原是目前一个热门的绿色反应。2011 年,美国的 Weibin Lin 课题组利用 MOFs 材料的高度可调变性设计了一个新颖的光催化剂。他们通过将具有相同尺寸的羧基配体——联苯二甲酸和联吡啶二甲酸——与 Zr(Ⅳ) 配位得到了一种双配体 MOFs 材料,其中联吡啶二甲酸上的联吡啶螯合空位与具有良好光催化活性的 Re(Ⅰ)(CO)$_3$Cl 进一步配位,从而得到了固载铼的 Re-UiO-67 材料,如图 8.14 所示,该材料作催化剂在可见光的作用下成功地用于 CO$_2$ 还原反应。

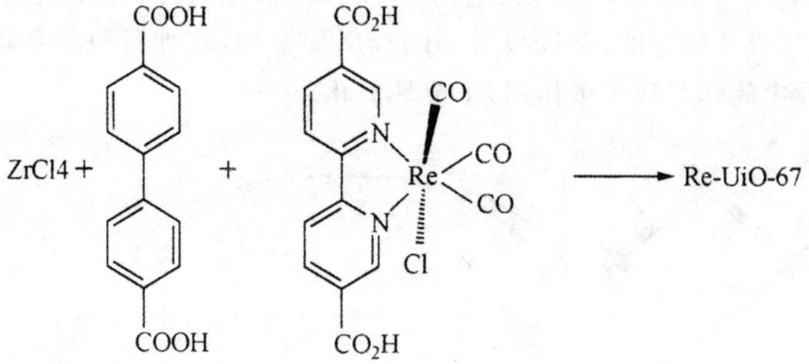

**图 8.14 双配体配位固载铼配合物的 Re-UiO-67MOFs
材料合成示意图**

(4)MOFs 材料的不对称催化。不对称催化反应是 MOFs 材料的一个突出的应用领域,这类 MOFs 催化剂的研究重点是在催化剂的设计合成上。美国的 W. B. Lin 研究组在这个领域开展了大量的研究工作,他们利用网络合成法,通过调变有机 Salen 配体(图 8.15),设计了一系列具有相同拓扑结构、不同孔径的手性 MOFs 材料(CMOF-n),通过对该系列手性 MOFs 材料进行金属化的后合成修饰,得到了一系列具有手性催化活性的 MOFs 材料。例如,通过利用配体上的两个羟基手性基团与 Ti(OiPr)$_4$ 反应制备出能够提供 Lewis 酸的 CMOF-Ti(OiPr)$_4$ 化合物,该功能化手性 MOFs 材料对芳香族苯甲醛与二乙基锌或烷基乙基锌的加成反应:具有很高的不对称催化活性,最高转化率大于 99%,且产物的 e. e 值高达 99%;但是他们同时也指出,手性 MOFs 材料的孔洞尺寸必须要与所要催化的有机反应物及产物分子尺寸相匹配,否则会极大地影响转化率和选择性。

除了以上几种新材料外,还有介孔催化材料以及膜催化,限于篇幅这里将不再赘述。

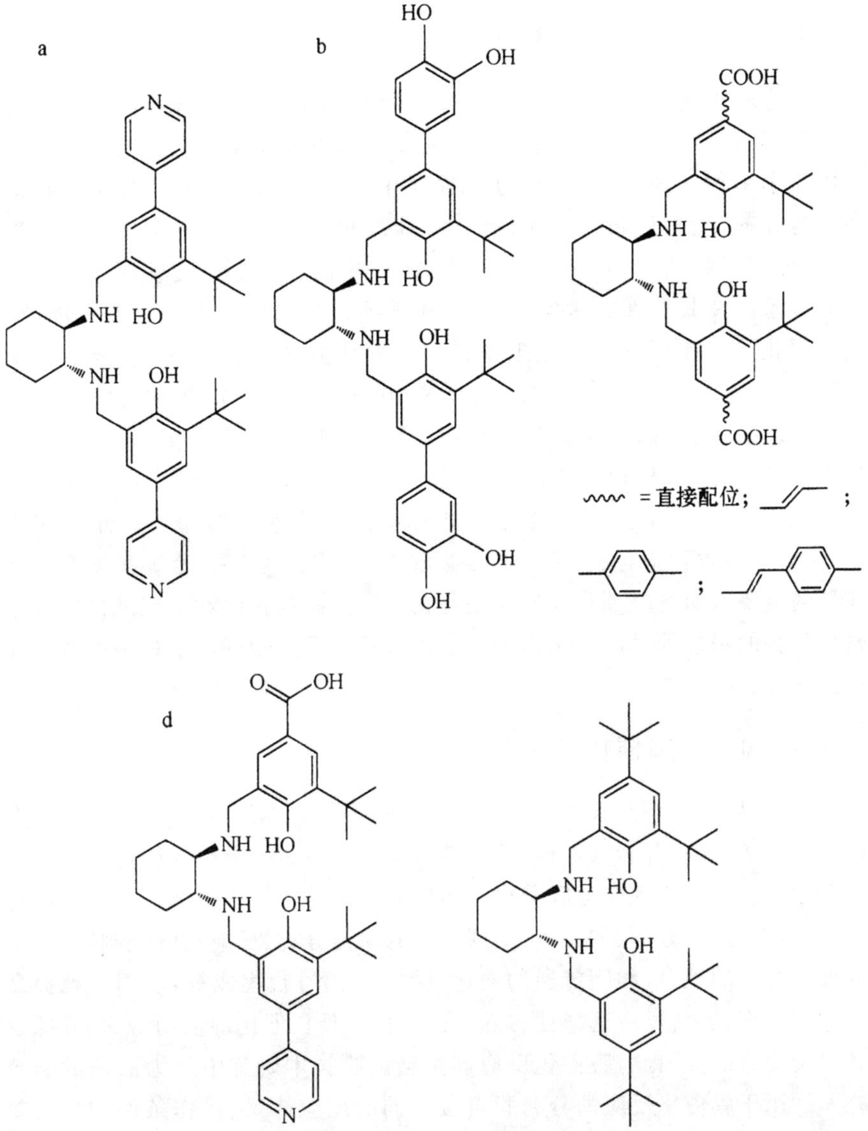

图 8.15　CMOF-n 材料合成所用到的 salen 配体

8.1.4 膜催化及膜催化反应器

8.1.4.1 膜催化的意义

随着现代社会的迅速发展,对改善生活环境、建设生态经济、利用化石资源、开发新型洁净能源和实现可持续发展的迫切需求,促使人们灵活应用化学工程原理和方法,通过过程强化、革新技术、改进工艺流程和提高设备效率,使工厂布局更紧凑、单位能耗更低、"三废"更少。所谓过程强化,即利用膜技术、外场作用力(离心力、超声、超重力、磁场等)、超临界流体技术以及其他新技术实现反应-分离耦合和多种分离耦合等。因此,过程强化是现代以及将来化工学科的长期研究内容。目前,膜分离技术包括超滤、微滤、纳滤、反渗透、正渗透、电渗析、气体分离、液膜、渗透汽化、膜催化、膜传感、控制释放、膜萃取及膜蒸馏等众多分支,强化了化工生产中的分离过程,较传统的萃取、蒸馏、变压吸附等分离技术有很大优势。膜催化反应器是一种极其重要的膜分离技术,可使反应-分离一体化,实现生产过程强化、投资减少、能耗降低,是发展下一代新型高性能反应器的重要方向。膜催化反应器是与化石资源高效转化和节能减排等过程密切相关的新技术,因此,国内外研究机构及公司竞相开展了相关的基础和应用研究。

8.1.4.2 膜催化反应器的特点

根据材料的不同,膜可分为无机膜、高分子膜和微生物膜等。不同类型的膜的分离机理不同,渗透性、选择性以及稳定性是衡量膜性能优劣的三个重要指标。将催化反应与膜分离一体化而构成的膜反应器能够利用膜的特殊性能,如分离、分隔、催化等,实现产物的原位分离、反应物的控制输入、不同反应之间的耦合、相间传递的强化、反应-分离过程集成等,从而达到提高反应转化率、提高反应选择性、提高反应速率、延长催化剂使用寿命、降低设备投资等目的。因此,膜催化反应器是当前膜技术研究中最为活跃的领域之一。用于膜催化反应的分离膜可按不同的反应体系、操作条件和分离要求选用多孔的或致密的有机高分子膜或无机膜。在多数重要化工反应过程中,化学品腐蚀性强和操作温度高的特点极大地限制了有机高分子膜的应用,使有机高分子膜只能用于温和条件下的化学反应过程。在高温催化反应中,由于无机膜对反应产物的选择分离或优先渗透,打破了化学反应平衡的限制,提高了平衡转化率和反应选择性,从而使得无机膜技术得到了学术界和工业界的高度重视。因此,本节将重点介绍无机膜反应器及相关的膜催化过程。

8.1.4.3　膜催化反应器的种类

膜催化反应器实质上是将催化反应与膜分离两种技术合二为一,实现反应与分离的同时进行。如图 8.16 所示,膜催化反应器主要有以下三种类型:控制反应物输入型、选择性产物输出型及反应-反应耦合型。

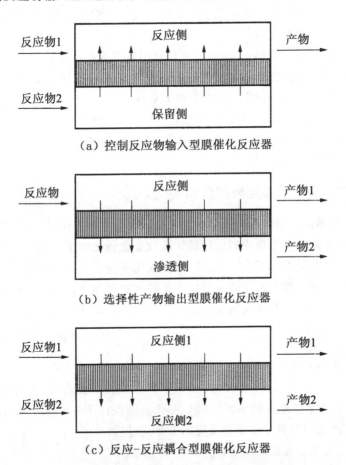

（a）控制反应物输入型膜催化反应器

（b）选择性产物输出型膜催化反应器

（c）反应-反应耦合型膜催化反应器

图 8.16　膜催化反应器的种类

(1)控制反应物输入型膜催化反应器。控制反应物输入型膜催化反应器主要用于受动力学控制的化学反应,这类反应的吉布斯自由能负值很大,不存在热力学平衡限制的问题,但这类反应的选择性低,反应产物很复杂,后续分离难度大、能耗高。

(2)选择性产物输出型膜催化反应器。选择性产物输出型膜催化反应器主要用于受热力学平衡限制的化学反应,这类反应的吉布斯自由能在反应条件下大于零,受反应平衡限制,转化率很低。例如:脱氢反应、酯化反应、水蒸气重整反应等。

(3)反应-反应耦合型膜催化反应器。反应-反应耦合型膜催化反应器是将一个受热力学平衡限制的化学反应(反应侧 1)与一个受动力学控制的化学反应(反应侧 2)耦合于一个膜催化反应器内,即将前两种类型的膜催化反应器二合一。这类膜催化反应器除具有以上两种膜催化反应器的优点外还具有以下两个优点:

1)放热反应与吸热反应耦合,能量利用效率大幅提高;

2)在提高选择性和转化率的同时进一步实现过程强化。但是,适用于这类膜催化反应器的化学反应及分离膜较少。

这里要求两个反应温度相近且反应侧 1 的某种产物是反应侧 2 的一种反应物,并且这种反应物是决定反应动力学的关键物质;此外,还需找到一种能够选择性分离这种物质的膜。

8.1.4.4 膜催化典型应用实例

(1)控制反应物输入型膜催化反应器。在过去的几十年中,研究者们对利用混合导体透氧膜反应器进行烷烃高效催化转化做了大量的研究。在众多的烷烃催化转化反应中,天然气部分氧化制合成气($CO+H_2$)的研究受到了高度重视。这是由于合成气作为重要的中间体可以经费托合成或甲醇合成催化转化成为具有高附加值的液体产品。甲烷部分氧化反应是一个弱放热$\left(CH_4+\dfrac{1}{2}O_2 \longrightarrow CO+2H_2 \Delta H(25℃)=-35.67kJ/mol\right)$、高空速的反应,不需要外加热量且反应速率比甲烷-水蒸气重整反应要快 1～2 个数量级,生成的 CO/H_2 为 1:2,适合于甲醇合成或费托合成,可有效地避免甲烷-水蒸气重整反应的不足。但是在该反应条件下甲烷部分氧化存在三个问题,严重地制约了该催化反应的工业化进程:

1)反应体系飞温的问题。

2)氧气和甲烷共进料可能引起爆炸的问题。

3)由于下游合成中不能有氮气或含氮氧化物的存在,需要使用纯氧为原料,成本有所增加的问题。

然而将最近出现的混合导体透氧膜与甲烷部分氧化相结合,用于制合成气过程能够有效地解决以上三个问题。因此,利用混合导体透氧膜反应器进行甲烷部分氧化制合成气的反应被认为是最有希望实现工业化的反应,如图 8.17(a)所示。混合导体透氧膜是一种具有电子导电性和氧离子导电性的致密陶瓷膜。在高温下,当膜的两边存在氧化学势梯度时,氧分子会在高氧分压侧的膜表面吸附并解离成氧离子,氧离子通过膜体相迁移到低氧分压侧的膜表面并重新结合成氧分子,整个过程的电荷补偿由电子的反方向迁移或电子空穴的同向迁移来完成。由于在渗透过程中氧是以离子形式通过氧空穴来传导的,理论上对氧的扩散选择性为 100%。尽管混合导体透氧膜为致密陶瓷,但其具有很高的透氧量,与微孔膜透氧量相当。

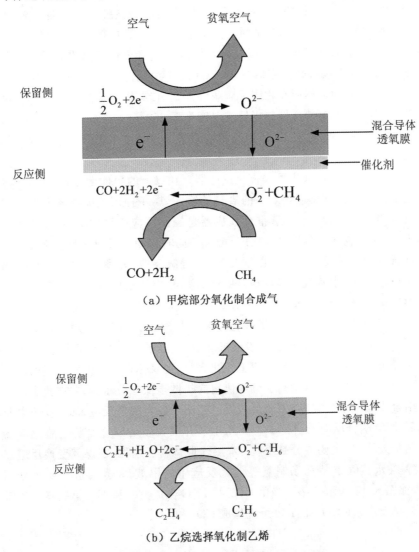

（a）甲烷部分氧化制合成气

（b）乙烷选择氧化制乙烯

图 8.17 混合导体透氧膜反应器制合成气

混合导体透氧膜反应器用于天然气部分氧化反应时属于控制反应物输入型膜催化反应器,即控制作为反应物之一的氧的输入。

这类反应目标产物的选择性通常很低。如图 8.17(b)所示,混合导体透氧膜可以连续地渗透氧气,在膜的低氧分压侧表面的晶格氧结合成氧分子之前,如果烷烃能够与膜表面的晶格氧发生反应,则该膜就可以连续提供用于烷烃氧化制烯烃所需的晶格氧,从而实现烷烃的高选择性氧化。从这可以看出,此时的混合导体透氧膜反应器是控制反应物输入型膜催化反应器,与甲烷部分氧化膜催化反应器类似,所不同的是该膜本身是催化剂,无须在膜反应器中额外装填催化剂。实验中,在膜的反应侧没有检测到气相氧的存在,这说明乙烷与膜表面晶格氧的反应速度要快于晶格氧结合成氧分子的速度。在膜催化反应器中,800℃时乙烯的选择性可以达到 80%,单程产率可达 67%。然而在相同反应条件下,在传统固定床反应器中却只能得到 53.7% 的乙烯选择性。当反应温度降至 650℃时,在膜催化反应器中,乙烯的选择性可提高至 90%,但乙烷转化率由于受制于膜渗透通量而降幅较大。

(2)选择性产物输出型膜催化反应器。在以上的膜催化反应器中,透氧膜主要作用是控制反应物之一的氧气的输入,属于控制反应物输入型膜催化反应器。另一种重要的膜催化反应器是控制反应产物输出型,在该反应器中,反应产物之一经膜移出,使反应平衡向右移动。目前在膜催化反应器中已研究的这类反应主要有以下几种:水分解反应、烃类催化脱氢反应、水蒸气重整反应、水蒸气变换反应、酯化反应、酯交换反应等。这类反应受热力学平衡限制,转化率低,可利用膜催化反应器提高反应的转化率。

1)钯和钯合金无机膜。钯和钯合金膜是致密无机膜,理想无缺陷的钯膜可 100% 选择渗透氢气。其渗透机理是:氢分子首先在膜表面解离、吸附呈原子态,然后进入钯晶格形成钯氢化合物,钯氢化合物中的氢在膜两侧氢化学势梯度的驱动下,由高氢分压侧定向扩散至低氢分压侧,并在膜表面重新结合成氢分子。目前,钯膜反应器已经用于各类脱氢反应、加氢反应以及脱氢-加氢耦合反应的研究中。近几年来开展较多的研究是将钯膜反应器应用于天然气(主要成分是甲烷)-水蒸气重整制氢过程、水煤气变换反应以及醇类-水蒸气重整现场制氢等催化反应中。甲烷-水蒸气重整反应分两步,如图 8.18 所示。第一步由 CH_4 和 H_2O 生成 CO 和 H_2;第二步是水煤气变换反应,即 CO 和 H_2O 反应生成 CO_2 和 H_2:

$$CH_4 + H_2O \rightleftharpoons CO + 3H_2$$

$$CO + H_2O \longrightarrow CO_2 + H_2$$

这是一个受热力学平衡限制的强吸热反应。

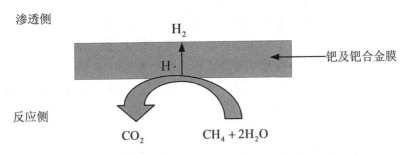

渗透侧

H₂

钯及钯合金膜

反应侧

CO₂　　CH₄ + 2H₂O

图 8.18　钯膜反应器中甲烷-水蒸气重整制氢

该反应已经在常规反应器中实现大规模工业化生产,通常是在高温(大于 850℃)下进行,甲烷转化率大约为 80%。该过程能耗大,经济效益差。在最近 20 年里,钯膜反应器用于甲烷-水蒸气重整制氢得到研究者们的广泛关注。热力学计算表明当将 90% 的氢气从甲烷-水蒸气重整反应混合物中分离出来时,即使是在 500～600℃ 这样的低温区间,钯膜反应器中的甲烷-水蒸气重整反应制氢也会获得高达 90% 以上的甲烷转化率,大大超过了相应的甲烷平衡转化率。这是因为,钯膜反应器可以在反应的同时及时移出反应产生的氢气,促进了反应平衡的移动。Umeiya 等利用化学镀法制备出了 13～20μm 厚的钯及钯-银合金膜,500℃ 时甲烷的转化率高达 99%。中国科学院大连化学物理研究所的研究人员在钯膜反应器中使用自制的镍基催化剂进行甲烷-水蒸气重整制氢反应,详细考查了反应条件对膜反应器性能的影响,发现提高反应温度、压力、吹扫气的量、水碳比都会提高甲烷转化率,而增大反应空速则会降低甲烷转化率。在优化的反应条件下,于 550℃ 时可获得高达 99.8% 的转化率,每摩尔甲烷可产生 3.74 摩尔纯氢气。在该膜催化反应器中,不仅甲烷转化得到了促进,而且 CO 向 CO₂ 的转化也得到了提高。

2)沸石分子筛膜。沸石分子筛膜是最近二十多年得到迅速发展的一种新型无机膜。它除具有机械强度高、耐高温、抗化学与生物侵蚀等一般无机膜的优点外,还具有微孔孔道规整和表面吸附能力独特等优点,使其在许多膜过程(如渗透汽化、气体分离、膜反应等)及相关领域中有着广阔的应用前景。分子筛作为无机膜材料具有以下优点:①分子筛具有规整的微孔孔道,孔径分布单一,一些大小相近的分子可以通过分子筛分或择形扩散实现分离;②分子筛具有良好的热稳定性和化学稳定性;③分子筛结构的多样性导致膜性质的多样性,如不同的孔径大小,不同的亲疏水性,因而可满足不同的分离要求;④对分子筛孔道或孔外的修饰可以调变分子筛孔径和吸附性能,从而精确控制分离过程;⑤分子筛的催化活性有助于实现反应与分离的耦合。

由于有机物分子的直径一般大于 0.4nm，只有晶孔为十元环以上的中孔或大孔分子筛膜可用于有机混合物的分离。FAU 型分子筛膜的孔径较大，硅铝比低，易吸附极性分子及含不饱和键的有机分子。因为上述特点，FAU 型分子筛膜可被用于酯交换反应，即选择性地从反应体系移出小分子醇。例如，碳酸二甲酯（DMC）与苯酚反应生成碳酸二苯酯（DPC）：

$$H_3CO-\overset{\overset{\textstyle O}{\|}}{C}-OCH_3 + 2PhOH \rightleftharpoons PhO-\overset{\overset{\textstyle O}{\|}}{C}-OPh + 2CH_3OH$$

DMC 与苯酚生成 DPC 的反应被认为是一条最具工业化前景的非光气合成路线。但是 DMC 反应活性低，苯酚和 DMC 直接通过酯交换反应合成 DPC 在热力学上是不利的。研究发现，在 180℃、10^5Pa 下，DMC 与苯酚在碱催化下合成苯甲醚（MPC）的反应平衡常数约为 3×10^{-4}，反应速度慢，DPC 产率低。此外，由于原料 DMC 与副产物甲醇形成二元恒沸物（质量分数为：70%甲醇、30%DMC），分离难度较大。利用 FAU 型分子筛膜可选择性地将甲醇从反应体系移出，从而极大地提高了反应的转化率。当甲醇含量较高时，FAU 型分子筛膜具有很高的分离选择性，在 378K、蒸气渗透分离甲醇-DMC 的恒沸物（甲醇质量分数为 70%）时，只透过甲醇，透量为 1.08(kg·m^{-2})/h。当混合物中甲醇的含量减少，FAU 型分子筛膜的分离系数逐渐降低。由于该酯交换反应速度慢，为了提高膜的分离效率，可将 FAU 型分子筛膜与固定床反应器串联，如图 8.19 所示。在 180℃、105Pa 条件下反应 4h 后，DMC 的转化率为 48.3%，DPC 的选择性为 64.6%。若将反应物依次进入三组分子筛膜-固定床反应器，则反应进行 4h 后，DMC 的转化率为 71.2%，DPC 的选择性为 84.5%。这说明选择渗透甲醇的 FAU 型分子筛膜能够打破酯交换反应平衡，促进反应物向产物的转化。

类似地，亲水性强、耐酸的 T 型分子筛膜可以选择性地从反应体系中移出水，该类膜非常适用于促进酯化反应。例如：正丁醇与乙酸反应生成乙酸丁酯的酯化反应，在传统釜式反应器中即使是在醇、酸比为 3∶1 的条件下，乙酸的转化率在反应 4h 后也只能达到约 65%的平衡转化率；而在 T 型分子筛膜反应器中，相同条件下可获得 100%的乙酸转化率。理想条件下，在 T 型分子筛膜反应器中，若醇、酸比为 1∶1，反应结束时即可获得不含水、醇和酸的纯酯产品。由此可见，分子筛膜反应器是能够使传统化学反应大幅度提高原子经济性、降低能耗的高效反应器。

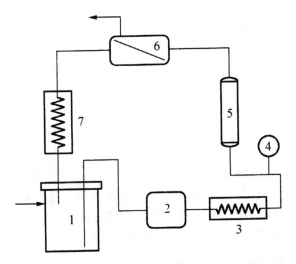

图 8.19 分子筛膜与固定床反应器串联示意图

1—混合器;2—进样泵;3—汽化器;4—压力表;
5—固定床反应器;6—膜组件;7—冷凝器

8.2 新型催化技术

8.2.1 纳米催化技术

8.2.1.1 纳米催化技术概论

催化是化工领域非常重要的技术,长期以来在诸多领域,如石油化工、合成化肥、合成纤维以及汽车尾气处理等领域有着重要的应用。近年来,科学研究表明,当材料的维度降低到纳米级别时,材料的物理性质、化学性质将会发生重要的转变,这里与催化相关的现象主要包括表面效应和量子尺寸效应。随着纳米技术的不断发展,人们发现,在不改变表面结构以及不添加其他组分的条件下,通过改变体系的尺度,也能调控体系的电子分布和能量,据此可以调控催化剂与反应分子间的电子传递,从而调变体系的催化反应性能。

纳米粒子又称超细粒子、超微粒子、量子点或团簇等,一般是指 1～100nm 之间的粒子,是介于原子簇和宏观物体颗粒之间过渡区域的粒子,因此也被称为介观粒子。纳米粒子具有各类结构缺陷,如孪晶界、层错、位错等,甚至存在亚稳相。而当粒子尺寸小到几个纳米时,会以非晶态存在。另外,纳米粒子具有壳层结构,其表面层粒子的数量占很大比例。这种庞大的比表面,键态的严重失配,表面台阶和颗粒粗糙度增加,使得在表面上出现了非化学平衡和非整数配位的化合价以及大量的活性中心,因此,纳米材料在催化反应中具有突出的效用。

8.2.1.2　纳米催化剂的制备

晶体的各向异性是造成其取向生长的本质原因。晶体有不同的晶面,而各向异性的晶体在一定的环境下各个晶面的生长速率不同,不同的生长速率或不同晶面晶粒的堆积速率将导致不同微观形貌晶体的形成。只有为晶体提供一个合适的生长环境,才能使得晶体的取向生长成为可能。晶体的生长环境可以通过一些外部因素的改变进行调节,如反应温度、反应物浓度、溶剂、pH 及稳定剂的加入等。下面介绍几类制备纳米催化剂的方法。

(1)溶胶-凝胶法。溶胶-凝胶法是指金属有机或无机化合物经过溶胶-凝胶化和热处理形成氧化物或其他固体化合物的方法。该法的优点是:制品的均匀度高、催化剂活性高、抗结碳能力好、容易实现材料的控制。但也有缺点,如原料的成本高。

(2)沉淀法。所谓沉淀法是在液相中将两种不同的物质进行混合,然后加入沉淀剂使金属离子生成沉淀,将沉淀物经过过滤、洗涤、干燥或煅烧处理得到产品。沉淀法主要有直接沉淀法、共沉淀法、均匀沉淀法以及配位沉淀法,沉淀法的特点是简单、方便。

(3)浸渍法。将载体放置于含有活性组分的溶液中浸泡,直至平衡之后将剩余液体除去,经过干燥处理,并煅烧、活化,最后得到所需产品。

(4)微乳液法。微乳液通常是有表面活性剂、助表面活性剂(通常为醇类)、油类(通常为碳氢化合物)组成的透明的、各向同性的热力学稳定体系。微乳液可分为正相(水包油型 O/W)、反相(油包水型 W/O)和双连续结构(见图 8.20)。

　(a)油包水型　　　　(b)水包油型　　　　(c)双连续结构

图 8.20　三种微乳液体系的示意图

　　油包水型也称作反相微乳液,它的微小"水池"被表面活性剂和助表面活性剂所组成的单分子层的界面所包围,其大小可控制在几至几十纳米之间。微小水池尺寸小且彼此分离,因而构不成水相。通常称之为"准相"。这种特殊的微环境,可以作为化学反应进行的场所,因而又称之为"微反应器"。它拥有很大的界面,已被证明是多种化学反应理想的介质。微乳液液滴可以是分散在水中的油溶胀粒子,即水包油型。化学反应在水核内进行,反应产物在水核中成核、生长。当微乳体系内水和油的用量相当(30%~70%)时,水相和油相均为连续相,两者无规则连接,称为双连续结构微乳液。

　　(5)非水溶剂热法。非水溶剂热法是在高温、高压下的有机溶剂或蒸气等流体中,进行有关化学反应的方法。其基本原理与水热法相同,区别在于所用的溶剂不同。非水溶剂热法中以有机溶剂(如甲酸、乙醇、苯、乙二胺、四氯化碳等)代替水作溶媒,采用类似水热合成的原理制备纳米金属氧(或硫)化物等,是水热法的又一重大改进。非水溶剂在反应过程中,既是传递压力的介质,又起到矿化剂的作用。以非水溶剂代替水,不仅扩大了水热技术的应用范围,而且由于非水溶剂处于近临界状态下,能够实现通常条件下无法实现的反应,并能生成具有介稳态结构的材料。选择适当的溶剂和反应条件,能有效地控制纳米粒子的形貌与尺寸。

　　(6)液-液界面合成法。将两种互不相溶的液体混合后会发生分层现象,在层间会形成界面,界面厚度通常只有几个纳米,为纳米材料的合成和组装提供了理想的场所。

　　除了以上的几种方法外,还有离子交换法、水解法、等离子体法、惰性气体蒸发法、水(溶剂)热法等,限于篇幅,这里将不再赘述。

8.2.1.3　目前纳米技术在实际应用中面临的问题

　　用纳米粒子作催化剂目前的研究还处于实验室阶段,离实际应用还有较大距离,还须解决许多问题。

　　1)如何提高反应速率和催化效率,优化反应途径等方面的研究,是未来催化科学的研究重点。

　　2)纳米粒子催化剂的稳定性问题,特别是在工业生产上要求催化剂能重复使用,因此催化剂的稳定性尤为重要。在这方面纳米金属粒子催化剂目前还不能满足这方面的要求。如何避免纳米金属粒子在反应过程中由于温度的升高而发生颗粒长大等问题,有待进一步深入研究。

　　3)由于纳米粒子粒径小,还存在催化剂的装填、回收困难、通气阻力大等问题。

8.2.2　手性催化技术

手性因素在化学、生物学及其他学科和技术领域中起了极其重要的作用。随着自然演变,生命的产生和发展,在生物体内的手征性成为普遍现象。

8.2.2.1　手性催化技术概述

(1)手性。所谓手性即立体异构形式,具有手性结构的两个分子的结构如同镜像与实物之间的关系,相似但是并不重叠,例如 2-溴丁烷,如图 8.21 所示。

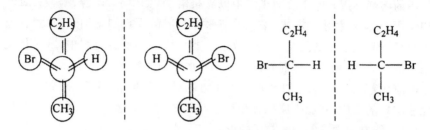

图 8.21　溴丁烷分子模型

(2)对映体。互相为手性的分子称之为对映异构体,简称为对映体。通常它们的化学性质与物理性质相同,主要区别是两种对映体的偏振光的方向不同。其中右旋和左旋分别用"d"和"l"或"$+$"和"$-$"表示,在国际上还有通用的 D、L 标记法和建立在官能团优先顺序基础上的 R、S 标记法。

(3)手性合成。即选择一个较好的手性诱导剂,使无手性或前手性的作用物转变成光学活性产物,并使一种对映异构体大为过量,甚至得到光学纯的对映体。手性合成又称不对称合成。

(4)对映体过量(简记为 e. e.)

$$e. e. = \frac{A-B}{A+B} \times 100\%$$

式中,A 为过量对映体的量;B 为量少的对映体的量。

(5)旋光产率

$$p = \frac{[a]_m}{[a]_p} \times 100\%$$

式中:$[a]_m$ 为产品混合物使偏振光偏转的角度;$[a]_p$ 为纯的对映体使偏振光偏转的角度。

当偏振光的旋转角度与混合物的组成呈线性关系时,对映体过量与旋光产率相等。通常对映体过量和旋光产率越大,反应的光学选择性越高。

(6)外消旋体。两个对映体以 1∶1 所组成的混合物称为外消旋体。这时一个对映体的旋光效应值恰好被另一个对映体的相反值所抵消,所以外消旋体没有旋光性。

8.2.2.2　手性催化剂

手性合成有着广泛的应用价值,但其反应需要一些特殊的条件。一般来说,其反应体系要有手性因素,如手性反应物、手性试剂、手性溶剂以及手性催化剂等,其中手性催化剂起着举足轻重的作用。目前已知的手性催化剂,除了纯天然物外,还有天然物经人工修饰后的手性催化剂,以及全部人工合成的手性金属络合物等,它们可以应用于许多反应,从而得到很好的立体选择性(表 8.1)。

表 8.1　手性催化剂的种类

催化剂种类	寿星催化剂	反应	e. e. /%
纯天然物	马钱子碱	醛和乙烯酮的[2+2]	72
	腐爪豆碱	环加成烯丙基烷	85
生物碱衍生物	OH / Ph—CH—CH₂—BH₃ / NRR₁	R_2Zn 与醛的加成	95
氨基酸衍生物	NMe₂ / R—CH—CH₂PPh₂Ni	格氏试剂交叉耦合	94
羟基酸衍生物	HOOC—CH(HO)—CH(OH)—COOR / Ti	烯丙醇的环氧化	98
手性碳水化合物衍生物	OPPh₂ / Ph₂PO—〇—AlCl₃	带烯氨基烯烃的氢化	90
萜类化合物衍生物	OH / —〇—AlO₃	Diels-Alder 反应	72

续表

催化剂种类	寿星催化剂	反应	e.e./%
人工合成催化剂	BINOL	羰基还原	100
	BINAP	烯丙醇的氢化	99

参考文献

[1]刘建周.工业催化工程[M].北京:中国矿业大学出版社,2018.

[2]黄仲涛,耿建铭.工业催化[M].3版.北京:化学工业出版社,2014.

[3]李光兴,吴广文.工业催化[M].北京:化学工业出版社,2017.

[4]唐晓东.工业催化[M].北京:化学工业出版社,2010.

[5]中国有色金属工业协会铂族金属分会.日本催化剂技术动态与展望 2018[M].北京:化学工业出版社,2018.

[6]闵恩泽.工业催化剂的研制与开发[M].北京:中国石化出版社,2014.

[7]马晶.工业催化原理及应用[M].北京:冶金工业出版社,2013.

[8]唐新硕,王新平.催化科学发展及其理论[M].杭州:浙江大学出版社,2012.

[9]张彭义,贾瑛.光催化材料及其在环境净化中的应用[M].北京:化学工业出版社,2016.

[10]潘春旭,黎德龙,江旭东,等.新型纳米光催化材料:制备、表征、理论及应用[M].北京:科学出版社,2018.

[11]李俊华,杨恂,常化振.烟气催化脱硝关键技术研发及应用[M].北京:科学出版社,2017.

[12]辛勤,徐杰.现代催化化学[M].北京:科学出版社,2018.

[13]张润铎,戴洪兴,刘志明,等.典型化工有机废气催化净化基础与应用[M].北京:科学出版社,2018.

[14]贺泓,李俊华,何洪,等.环境催化——原理及应用[M].北京:科学出版社,2018.

[15]吴越,杨向光.现代催化原理[M].北京:科学出版社,2018.

[16]秦永宁.生物催化剂——酶催化手册[M].北京:化学工业出版社,2016.

[17]邓友全,石峰.绿色催化[M].北京:科学出版社,2018.

[18]阎子峰,陈诵英,徐杰,等.催化反应工程[M].北京:科学出版社,2017.

[19]耿启金.TiO_2基光催化在环境污染治理领域的研究进展英文版

[M].北京:科学出版社,2017.

[20]马鲁铭.废水的催化还原处理技术——原理及应用[M].北京:科学出版社,2017.

[21]辛勤,徐杰.催化史料[M].北京:科学出版社,2018.

[22]李登新.NO_x催化氧化吸收技术与系统[M].北京:中国环境出版社,2018.